運

唐吉訶德的致勝秘密

創辦人
安田隆夫
親傳

安田隆夫——著　李建銓——譯

「運勢」是我一生的重要課題，我想傳授與「運勢」有關的一切給大家，當作是我的人生志業。更進一步地說，「運勢」是我最精華的人生遺產，也是我最為珍視的「遺言」。

本書涵蓋我人生與事業中與「運勢」有關的一切，各位若能滿心期待地閱讀本書，我會深感榮幸。各位若能從本書找到勇氣、滿懷希望與洋溢幸福，我會非常感動。我希望獻上這本書給各位，當作是回饋給社會的唯一貢獻。

前言 唐吉訶德創造奇蹟的背後故事

連續三十四年營收和獲利持續成長

我未曾在媒體上露面，大家或許還不知道我的真實長相，就算不知道我的長相也無妨喔！各位應該對「唐吉訶德」有一些印象吧！店外擺著一塊寫著「驚安殿堂唐吉訶德」的黃紅配色醒目招牌，店內商品就像外界傳聞一樣，價格驚人便宜（日文中「安」是便宜的意思），商品種類更是琳琅滿目，「從高級名牌貨到廁所裡的衛生紙」應有盡有，而且店內還有更多促銷優惠，到處散發著迷人的光彩。

一九八九年三月，即將迎來四十歲的我，在東京府中市創立了唐吉訶德。我一路飽經日本泡沫經濟、消費低迷等考驗，讓唐吉訶德創下令人刮目相看的輝煌業績。二〇一九年，「唐吉訶德控股」更名為「泛太平洋國際控股」（Pan Pacific International Holdings，以下簡稱ＰＰＩＨ）。二〇二三年六月，唐吉訶德憑藉著連續三十四年營收和獲利持續成長，刷新了日本業界的新紀錄。

唐吉訶德不只在日本國內一路猛攻，二〇〇六年開始往海外拓展，在美國夏威夷開設了全世界第一家唐吉訶德海外門市。二〇一七年又在新加坡開設了亞洲第一家海外門市，之後，公司決定在亞洲地區迅速展店，希望在二〇二五年六月以前，完成海外展店至一百四十家規模的宏遠目標。

ＰＰＩＨ目前是全世界知名的跨國連鎖企業，擁有七百三十家店舗及九萬名員工，光是二〇二四年六月結算的年營業額就突破二兆日圓（以下簡稱元）。回顧過去，二〇一八年六月結算的營業額就高達九千四百億元，公司營運並未因為新冠疫情受到嚴重影響，憑藉著六年的努力，就讓公司的營業額翻了兩倍！

重重磨難和艱苦奮鬥的創業歷程

雖然我在唐吉訶德創下這麼耀眼的成績，但我的人生並不是那麼的一帆風順，我經歷了一段重重磨難和艱苦奮鬥的創業歷程。

在我年輕的時候，做什麼事都很不順利，經常飽受折磨。大學畢業後，我在一家小規模不動產公司上班，做了十個月之後就不幸遇到公司倒閉。丟了飯碗後，我靠著賭博勉強糊口，就這樣渾渾噩噩過日子。當時我一整天的作息是，徹夜打麻將，早上回家睡大覺到傍晚起床，晚上又偷偷摸摸溜到麻將館，日復一日，簡直就是一幅自甘墮落的最佳寫照。

那時還不到三十歲的我，心想：「這樣下去真的不行！」於是力圖振作，洗心革面。當時折扣商店很受歡迎，在各地如雨後春筍般冒出來，我下定決心也要創立一家折扣商店。一九七八年，我把從麻將館贏來的八百萬元當作創業資金全數投入，在東京西荻窪開了一家面積只有十八坪的小型雜貨店，店名就叫「小偷市場」。我當時創業的想法太過天真，進貨的商品根本賣不出去，而且每月店租高達二十萬元，要命的是每日營業額竟然不到一萬元。一九八九年，就這樣一路跌跌撞撞經營生意，慢慢地逐漸掌握了做生意的訣竅，隨後，我卯足全力創立唐吉訶德，該年營業額雖然達到五億元，卻讓我蒙受巨大虧損。在那之後，我歷經無數次跌落谷底的經驗。

從身無分文，到創立二兆元規模企業

我既無商界知識、經驗與人脈，投入身家經營零售業，無疑就是一場「大豪賭」，這是失敗率極高的決定，只要有個閃失，我就會淪落與藍色防水布和紙箱為伍的生活。1

然而，我從身無分文到創立規模二兆元的企業，如此「成就非凡的經營者」可說非常罕見。而且，我的公司算是日本業界唯一大獲全勝的小型折扣商店。我創立唐吉訶德時，據說日本全國折扣商店（涵蓋中小規模）加起來就有數萬家，現在幾乎已全軍覆沒了，整個業界的營業額全靠唐吉訶德一家企業獨撐。其實，有些折扣商店的經營者比我還有能力，對工作也充滿熱情，甚至早出晚歸拼了命工作，但他們卻在不知不覺中淡出舞台。

究竟，我勝出的關鍵到底是什麼呢？我左思右想，歸結出一個結論，一切都拜「運勢」所賜。

「運勢」要自己掌握

「運勢」，並不單純是指「鴻運當頭」。時至今日，外界只要是提到我的成功經驗時，多數人往往會說：「安田先生實在真的非常幸運！」。說真的，我覺得自己並不是真的特別幸運，我只是擅長將「厄運」轉變成「幸運」而已。

每個人的一生中，運氣的總量不會相差太大。從現實情況來看，有人覺得運氣極佳，也有人們覺得運氣很差，但我認為運氣的好壞全看如何善用「運勢」，後續我會進一步說明。人有些行為會讓運氣變好，有些行為會讓運氣變差。例如在運氣不好時垂死掙扎（會在第二章提到），或是他罰型言行（會在第四章提到），

1 編註：當時東京的街友躺睡在車站內、河堤邊，以紙箱作為隔間，上頭再加蓋防水布，一人一位。

都是降低「運勢」的關鍵。

所以自己掌握「運勢」，就可以做到「幸運最大化」和「不幸最小化」（會在第二章提到）。畢竟人的一生中，幸運與不幸會交互到來；不幸降臨時，就要將不幸降到最小；遇到幸運到來時，就要發揮到極致。我就是把此奉為圭臬，在人生與事業中，將「運勢」的訣竅牢牢地握緊在手中。順帶一提，個人的「運勢」也能轉動公司的「集團運」喔！如此一來，公司就能匯聚更多的運氣。

說到這裡，各位有對我認識多一點了嗎？其實，我是大器晚成的經營者。在我三十九歲的時候創立了唐吉訶德，不到十年，唐吉訶德業績看似急速成長，但我卻經歷了一段痛苦煎熬的創業歷程。在我剛過五十歲的時候，ＰＰＩＨ業績有了顯著提升，年成長率讓人眼睛為之一亮。到了我六十歲的時候，也就是二〇二〇年以後，公司整體營業額和收益皆呈現四倍以上的飛躍性成長（參照表一）。

我想說的是，運氣好壞不只會反映在個人。連公司蘊藏的「集團運」，也會成為企業成長與發展的關鍵。「集團運」的好處就是讓公司裡每一個人都會自動自發，漸漸地形成一支最強的軍團，那麼公司就必定會有爆發性的成長與發展。

回首這三十年，日本幾家舉世知名的家電製造商，整體業績大不如前，而且還持續下滑。反觀ＰＰＩＨ的業績，以兩倍、四倍、八倍的速度成長，根本就像每局翻倍的賭局一樣，企業規模也跟著日益壯大，這樣的奇蹟正是仰賴本公司「集團運」所發展出來的，我深深以此為豪。

「運勢」蘊含驚人的秘密

「運勢」絕非「宿命」，它不僅反映每個人內心的想法，還可以被每個人實際掌握。可惜的是，多數人不願意面對「運勢」，單純只是說：「運氣好」、「運氣差」，就草草結束話題。

在生活中，有時我們也會遇到不幸，例如不可抗力的災難。本書並沒有要試圖解釋「『運勢』是否超乎人類智慧理解的範疇」，但我也不打算屈就於「只能聽天由命」這一類的觀點。我個人非常討厭「碰運氣」，畢竟自己的命運要靠自己開創。

各位曉得「運勢」還蘊含著一個驚人秘密喔！雖然我這一生受到「運勢」的捉弄，但我為了掌握它，努力不懈，進而將「運勢」視為一門科學，分析出必勝模式，樂此不疲地研究「個運」與「集團運」。拜「運勢」所賜，才造就今天的我和PPIH。

我覺得自己可以被冠上「運的見證人」頭銜，正因如此，我希望透過本書獨道的觀點來探討「運勢」。

本書是探討「運勢」的實用處世書

「運勢」不僅與個人切身相關，甚至還能學習到為人處世之道，這是對本書最貼切的描述。我絕對不是在賣弄文字，也不是在做哲學論辯。我只想從以往所採取過的方法中，整理出最確實高效的一套致勝法則，將「運勢」的奧妙介紹給各位。雖然坊間有許多運氣相關的思想、哲學和宗教類型書籍，但本書的立足點與著眼點與坊間說法截然不同，確切地說本書是一本探討「運勢」的實用處世書。

在閱讀本書之前，我還想先跟各位說明。

本書從第一章開始到第五章的內容圍繞「個運」主題，第六章與第七章闡明何謂「集團運」。第八章到終章主要探討由「個運」與「集團運」形成的「總體運」。本書會結合我的個人經驗與想法，讓各位對「運勢」有更深一層的認識。

「個運」欠佳就什麼好事都不會發生

首先，有一點必須留意，提升「個運」比任何事情都重要，個人的「個運」如果不好的話，「集團運」也不可能變好。換句話說，「『個運』欠佳就什麼好事都不會發生」。

但是，對於跟我一樣的經營者，沒有「集團運」作為後盾，「個運」也不會變好。也就是說，「個運」與「集團運」二者具備密不可分的關係；無論如何，我深信「個運」才是邁向成功和幸福的出發點。

讓我帶領各位踏上一場探索「運勢」的冒險旅程吧！我可以保證，讀完這本書的那一刻，各位絕對能掌握到讓「運勢」變好的線索。

運

唐吉訶德的致勝秘密

【創辦人安田隆夫親傳】

◎目錄

前言 唐吉訶德創造奇蹟的背後故事 003

連續三十四年營收和獲利持續成長／重重磨難和艱苦奮鬥的創業歷程／從身無分文，到創立二兆元規模企業／「運勢」要自己掌握／「運勢」蘊含驚人的秘密／本書是探討「運勢」的實用處世書／「個運」欠佳就什麼好事都不會發生

第一章 探索「運勢」這片未知的大陸 021

「運勢」，一個人窮其一生所追求的「人生價值」／孩提時代起，內心孤獨又疏遠／年少時期的挫折／親身經歷，了解何謂奸商／踏錯一步，差點淪為街友？／流浪生活的休止符／「運勢」是真實存在的概念／「獨門妙招」帶來盛大繁榮／運用「腸力」突破瓶頸／一人獨勝的「奇蹟」／掌握「運勢」就能改變「人生」／「運勢」可以扭轉命運嗎？／「運勢」和「湊巧」的不同／「運勢」是一門最複雜的學問／「運的感受性」與「人際互動」有密切的關係／從「運勢」中領悟「成功的訣竅」／相信「運勢」是真實存在／勇於挑戰會提升「運勢」／用科學說明「運勢」——何謂大數法則？／成為「運勢」博弈中的莊家

● 第一章　重點

第二章　幸運最大化與不幸最小化　053

「運勢」的使用方式，會決定人生的結果／提高運氣總量的訣竅／從當地居民的抵制運動學到教訓／挺住壓力，堅守本分／用「幸運最大化」來實現「不幸最小化」／失敗並不可恥，取得壓倒性勝利才是一切／受到強運青睞的勇者／貫徹利用「穴熊戰術」，制定緊急對策／在洞穴裡虎視眈眈，鎖定逆轉的機會／成功的關鍵，取決於能否「見機行事」／果斷「停損」／繪製「失敗的藍圖」是作為停損的判斷基準／斷念值千金，再戰抵萬寶／撤退的勇氣／過度認真的人，反而容易犯錯

● 第二章　重點

第三章　「運勢」三大條件——「進攻」、「挑戰」和「樂觀主義」　077

何謂「安打率與打點的交叉比率」？／不想承擔風險，正是最大的風險／承擔風險，獲得巨大的成果／「堅守速攻」改為「速攻堅守」／勇敢主動接受挑戰，就能「鴻運

當頭」／先是果斷地去實行，之後再充分思考／永無止境迎接挑戰／將「風險經營」改為「冒險經營」／成為「樂觀主義者」才是通往勝利與成功的捷徑

●第三章 重點

安田講座① 一個人的革命

第四章 降低「運勢」的行為 105

不迎戰會降低「運勢」／研討戰略和戰術之前，要先全面備戰／優先採取守勢的經營態度是一個大問題／沒有受惠的幸福與百分之一的悲劇／一開口就讓自己蒙受損失／他罰型的人有什麼問題？／與瘟神保持適當的距離／到頭來，人與人終究難以相互理解／讓時間來證明／掌握距離的高手／不認清嫉妒的可怕之處，將招來霉運／「真叫人羨慕」就像招來災厄的一句詛咒／我從來不「討吉利」／否極泰來／「獨裁」絕對會降低「運勢」

●第四章 重點

安田講座② 浪費與累積信用

第五章　最重要的關鍵字是「換位思考」　137

站在對方的立場思考、行動／試著從產生問題的原因來思考／將「換位思考」視為解決問題的契機／「公正無私」的買賣會帶來鴻運／顧客至上主義／「壓縮式陳列」與「ＰＯＰ洪流」／發現「夜間商機」／不清楚、不好拿、不好買／為什麼唐吉訶德能夠「所向披靡」？／不能換位思考症候群／麻將的最高奧義也能換位思考！／善用「換位思考」和「後設認知」／「運」的分界點／模糊的容忍

● 第五章　重點

安田講座③　假設必定出錯

第六章　「集團運」像一組飛輪　165

通貨緊縮中逆勢而為，創造「一個人的通貨膨脹」／「捲入熱情漩渦的力量」是什麼？／暫時性的「集團運」與中長期的「集團運」／為什麼最後決定「分權管

理」？／與其「教導」員工，不如讓他們「放手去做」／強大「運勢」的出發點是分權管理／不再當「王牌投手兼第四棒」，重視多元性／「發展性的陷阱」／實施「現場決策」與「雙贏策略」／不入虎穴焉得虎子／綜合超市重組也能適用分權管理和門市特色經營／「分權管理」的本質狹窄但深入／不求「我的成功」但求「我們成功」／現在的日本已被「集團運」拋棄／「集團運」的副作用與陷阱／為了不失去「集團運」，寫下《源流》

●第六章重點

安田講座④ 《源流》是提升「集團運」的聖經

第七章 如何創造自動自發的「集團運組織」 205

經營者的一步不如員工的半步／如何創造「集團運魔法」的狀態／沒有任何一項能力比得過「人格特質」／「動員組織的力量」才是真正的能力／發自內心感謝員工零售業是一場「平民歌舞劇」／高聲演奏凱歌的旋律節奏／獨門絕學——共享競賽／「集體沉迷狀態」其實就是「奇蹟的連鎖」！？／唐吉訶德著名的「陳列競賽」

／一起創造美好的未來吧！／多元性是「集團運組織」的前提／極具震撼的現場活力和門市特色堪稱世界第一／「東京迪士尼樂園員工」和「唐吉訶德員工」的共通點／用「感謝與請求」代替「指示和命令」／門市員工自動自發地參與活動／提高士氣的「傾聽大會」／獨裁將組織帶向衰退與滅亡／「恐懼與服從」會造成員工士氣低落／「鴻運經營者」和「厄運經營者」決定性的差異

● 第七章　重點

安田講座⑤　《源流》是一本終極的「員工進階培訓」教材

第八章　「壓倒性勝利」的美學饗宴　247

何謂「壓倒性勝利」？／壓倒性勝利不是「貪得無厭」，必須將其視為一種「美學」／「私欲」是阻礙取得「壓倒性勝利」的大魔王！？／「不能只想到自己」／希望員工們能夠「得到幸福」／在事業中追求什麼樣的「成就」？／從「私欲」中解脫

● 第八章　重點

安田講座⑥　在藍海中大展身手的唐吉訶德

結語　歌頌人類正是我的人生軌跡　265
「偏愛與傾斜」的由來／樂於觀察與關心別人／匯聚豐富知識與經驗的森林／發自內心對別人溫柔、理解與感同身受

附錄　PPIH集團企業理念集《源流》（節錄）　271

第一章

探索「運勢」這片未知的大陸

「運勢」，一個人窮其一生所追求的「人生價值」

什麼是「運勢」？我就這個基本而深奧的問題，闡述個人見解。

我認為，「運勢」就是一個人窮其一生所追求的「人生價值」。也就是說，掌握「運勢」，亦即人在困難中掙扎、採取積極行動後所獲得的「成果」，然後再利用這個成果，把人生引導至更美好的方向。

「運勢」充滿不確定性，就像是浩瀚無邊的宇宙一樣，很難明確掌握全貌與本質。回顧人類歷史，人們經常因為心生疑惑，決定進一步實際驗證，然後透過持續思考，一步步探究世間的真理。人們雖然對於宇宙所知甚少，但人類自古代就開始觀測天體運行、發展物理學，直到現在還熱衷於開發宇宙；生命的世界奧妙也充滿未知，人們持續探索生命、專注於推動醫療技術的進步，讓大家迎向「人生百歲時代」。

雖然人類會思考和驗證，但只要提起「運勢」，總會說：「人類智慧鞭長莫及，莫可奈何呀！」然後放棄繼續思索，腦海中只閃過「聽天由命」一詞，認為一切只能交由命運決定，萌生「運勢」是「抽象、不可捉摸、難以確切衡量」的說法。

我的人生曾遭逢「命運」的捉弄，我比任何人都勇於與命運正面交鋒，在人生的道路上積極奮鬥，並藉此累積足以說服眾人的證據。**正因為我擁有各種經驗，才能信心十足地大聲說：「改善和惡化『運勢』的方法確實存在！」**

掌握「運勢」的具體實踐方式，在接下來的各章都會逐步解說，接下來請讓我依照時間順序，講述自己的人生。

孩提時代起，內心孤獨又疏遠

一九四九年（昭和二十四年），我出生於岐阜縣大垣市。父親是工業高校的技術學科教師，母親為專職家庭主婦，我是家中的長男，我們家就像隨處可見的普通家庭。父親給人的印象，就跟教職人員一樣嚴謹，菸酒不沾，對我採取嚴格教育，他一直告訴我：「不准看ＮＨＫ以外的電視節目。」

我就是在這樣的環境中長大。每天的生活規律又平淡，看著父親為了一點小事時而歡喜、時而憂愁，令我十分不以為然，內心默默想道：「像老爸這樣的人生，一點都不有趣。」在那個戰後物資匱乏的年代，父親為了養活孩子而拼命工作，如今我已能感同身受，並心存感激。然而，當時我堅決認為：「自己絕對要活出跟老爸不一樣的人生。」身為教師的父親，被我當成是人生負面教材。

打從很小的時候起，我的表現就與別人不同，個性魯莽冒失又不聽管教，性情也十分乖僻。我還常毫無來由地充滿自信。與同齡孩子相比，我的體態較為壯碩，超乎常人地不服輸，所以小學和中學時代都是同儕中的孩子王。這樣的我根本不會認真念書，光是老實坐在課桌前聽課，都覺得痛苦萬分。

我從小就發現自己擁有一項「特技」——會去思考一些平常人壓根不會想到的事，並親自實踐，然後將身邊的人捲入其中，成為夥伴，讓許多人跟我抱持同樣的想法。也就是說，我很擅長「掌握人心」。第六章之後我會詳細說明，關於「將人捲入熱情漩渦的能力」，這項與生俱來的能力，帶給我莫大幫助。

但是，我在孩提時代就不夠成熟，只要別人跟我意見不合，事情就不會順利進行，我只會靠著蠻力使人屈服。雖然我承認自己是個孩子王，但其實我沒有任何真正的朋友。我對當時流行的電視節目或漫畫也沒興趣，討厭跟身邊的人成群結夥。

總覺得自己經常只是一頭熱，跟別人格格不入。從十歲開始，心裡時常感到疏遠與孤獨，久久無法擺脫這樣的感覺。我意識到自己與眾不同，為了避免被孤立，刻意把自己平庸的一面表現出來。在這樣的生活中，隱約萌生出一個念頭：「我這個人，要不功成名就，要不就一敗塗地。」

我的一生應該會是豪氣而絕麗的吧！沒想到在我小時候，就已預知到未來將面對各種波瀾壯闊的人生風景呢！

年少時期的挫折

小時候，我就覺得小市民般的平淡生活極其無趣，一心只想離開傳統保守的老家，幸好我考上都會區的大學。大約在高三那年秋天，我突然像換了一個人似地用功讀書，並如願進入慶應義塾大學法學系就讀。

大學讀了沒多久，我看到周遭同學天天盛裝打扮，產生強烈的嫉妒心與自卑心，飽受煎熬。周遭的同學們個個時尚又帥氣，特別是從慶應大學附屬高中直升上來、貨真價實的「慶應男孩」，他們總是開車載著女朋友四處兜風。相比之下，我永遠都穿著牛仔褲和毛衣，腳上踏著拖鞋，打扮得土裡土氣，不要說沒跟女生講過話，就連四目相接都不敢。「唉，這些人過得真好啊！」我打從心底羨慕嫉妒恨。

同時，我在心裡發誓：「我絕對不要成為上班族，也不要在這些慶應男孩底下工作。」

不久，我發現自己完全無法融入環境，大學也只念兩週就翹課不去了，終日沉迷於打麻將。不出所料，我落得留級的下場，父親知情後，不再給我生活費。在那個年代，很難找到打工機會，我只能刻意打扮成做粗活的模樣，在橫濱壽町的廉價旅館街找地方住，去碼頭找搬運工作，過著勉強糊口的生活。

親身經歷，了解何謂奸商

大學畢業後，為了學習經營技能，我進入一家小規模不動產公司上班，沒想到那是一個很糟糕的地方。公司會把每坪單價五百元的荒地，用每坪一萬元的價格，強迫推銷給客戶，也就是所謂的奸商。有一次，一位客戶帶著辛辛苦苦、一點一滴攢下來的二百萬元，想與公司簽訂買賣合約，上司指示我：「還差一百萬，叫他想辦法去跟親戚借，再把地賣給他。」這種欺騙善良老百姓的手法，我實在無法接受，心裡想著：「這家公司不能再待！」很巧地，公司在我離職前就倒閉了。

或許有人會覺得，入職十個月公司就倒閉是一件很倒楣的事。以長遠的角度來看，我覺得自己因為這件事提升了「運勢」。這個親身經歷讓我了解到，人生有些事情絕對不能去做，前公司的所作所為就是讓「運勢」變差的示範。像這種貪得無厭的奸商，多半都是由獨裁型經營者所領導。第七章我會詳細說明，對社會沒有貢獻的行為、獨裁管理或黑心企業，百分之百是降低「運勢」的主因。之後我在內心堅定發誓，這輩子絕對不再為奸商工作。

踏錯一步，差點淪為街友？

我全然沒有心思再找下一份工作。我就是覺得總有一天要獨自創業，才會特意選小公司入職，要是因為第一份工作的際遇而妥協，再找一家不大不小的公司就職，結果只會步上失敗的人生道路，我絕對不想讓自己變成那樣。於是我做了破天荒的決定，開啟一段逃離社會責任的放蕩生活。

因為法律追訴期已經過了，現在講出來也沒關係。當時我當了職業賭徒，在麻將的世界裡討生活。走投無路的我，只剩下麻將這項求生技能。多虧大學時期沉迷過一段時間，到畢業時，我的技術已經不輸任何職業玩家。當時坊間幾乎還沒有個人麻將館，我只能去一般包桌型的麻將館，如果有哪桌缺人，就請他們讓我加入。在輸了一場就沒有退路的情況下，只能如履薄冰絞盡腦汁，用贏來的錢糊口度日。就這樣日復一日，持續與命運搏鬥著。

說得更明白一些，之後我創立「小偷市場」的開店資金（約八百萬元），就是靠打麻將一點一滴存下來的。我把賭博獲得的成果投入經商，最終建立起二兆元規模的企業。多數人會因為賭博而敗光公司，而我的例子可說是非常罕見。

現在的我，或許是一位億萬富翁，但當時的我，和那些在戶外鋪上藍色防水布或在公園排著隊等待領取慈善物資的街友相比，只有一線之隔。我這麼說一點都不誇張，在流浪放蕩的時期，我的生活真的就像走鋼索，只要踏錯一步，就會淪為街友。

流浪生活的休止符

這樣的生活總共過了六年。我總是熬夜打麻將到早上才回家，傍晚又糊裡糊塗自動起床，到麻將館報到。每天凌晨搭車回家時，通勤的乘客從電車往月台一湧而出，只有我一個人跟大家方向相反。每一次我都會想：「我好像正與這個世間背道而馳。」一股悲傷的情緒油然而生。「都已經念到大學畢業了，我到底在做什麼呢？」這明明是客觀的事實，我卻拖拖拉拉直到此時才認清。

「我一定要找一門生意來做，做出成績。一輩子靠麻將謀生，我可受不了！」

在這個想法萌生之際，我很幸運地被麻將界放逐了。我只是個二十幾歲的小伙子，麻將技巧卻已經強得不像話；贏得愈多，人們就愈是對我敬而遠之，到最後連找牌搭子都很困難。換句話說，我即將失去職業賭徒的資格，逼不得已也只能金盆洗手。

接下來，我開始思考自己到底能做什麼？既沒技術，也沒人脈和資金，無可奈何，就只剩賣東西了。那個時候，折扣商店正如雨後春筍在全國各地出現。不管去哪家店，都能看到態度冷淡的店主死盯著客人，甚至連聲招呼都不打。也正因如此，我想：「這樣的工作，我應該也能做吧！」所以就漫不經心地選了這一行。

「運勢」是真實存在的概念

一九七八年，我在東京西荻窪，開了一家名為「小偷市場」的折扣商店，這家店也可說是唐吉訶德的前身，那一年我才二十九歲，剛完全擺脫每天打麻將的生活，從事正經行業，但是我認為過去六年的放蕩生活所學到的一切，都能活用到企業經營，那六年絕對是我的出發點。麻將館是一個魑魅魍魎橫行的地方，可以跟來自五湖四海的人相遇，我和這幫人的賭局，每一場都是貨真價實賭上生死的命運之戰，我也從中學得人生的必勝法：一門實戰的ＭＢＡ（企業管理碩士班，以下簡稱ＭＢＡ）課程。

當然，這門課程與學術性的ＭＢＡ截然不同，講求的是「身臨其境的實戰」，為我的企業經營人生帶來很大的幫助。當一面高聳的牆矗立在眼前時，我會對照過去的經驗來思考，建立個人特有的假設，再付諸實際行動。我在反覆交叉驗證之中，爬升到現在的地位。但我可以斷言，「運勢」是真實存在的概念，詳情之後會再闡述。

唐吉訶德的前身「小偷市場」

「獨門妙招」帶來盛大繁榮

「小偷市場」剛開始經營得很艱苦。這是意料中的事，我只是赤手空拳的外行人，抱持著「價格便宜應該就賣得出去」的想法來開店，但現實並非兒戲，絕不可能一開始就順順利利。

即使如此，我還是拼了命，孤軍奮戰，全身緊繃神經，尋找訣竅，努力開發出日後著名的唐吉訶德特色，亦即「壓縮式陳列」[2]、「POP洪流」[3]和「深夜營業」。以流通業的常識來看，這些做法算是

「獨門妙招」，因此「小偷市場」成為一家極為獨特且生意興隆的商店。

其後，我把經營了五年的「小偷市場」賣給別人，重新創立一家有商業潛力的現金盤商，命名為「領導者」。不到幾年，「領導者」，就成為關東地區規模最大的折扣商店進貨商，全盛期年營業額高達五十億元，但我仍不滿意。「領導者」經營模式特殊，進貨管道和出貨通路都有限，因此無法繼續擴大規模。此時，靠著由「小偷市場」養成的獨特生意模式，以及「領導者」累積的財力和商品力，我再度投入零售業一決勝負，在一九八九年創立了唐吉訶德。

運用「腸力」突破瓶頸

但是，接下來不幸的災難再度降臨。一九九九年，唐吉訶德因為「深夜營

2 編註：作者為了減省倉庫費用，把所有貨品都塞在店裡的貨架上。

3 編註：作者為了促銷店內商品，就在店裡貼滿手寫的POP海報。

業」，與附近居民發生摩擦，引發大規模消費者抵制浪潮。五年後的二〇〇四年，又發生以唐吉訶德為目標的連續縱火事件；同年十二月十三日，浦和花月店遭到縱火，不幸造成三名員工傷亡。

「已經無可救藥，眼前只有死路一條，我的人生就這樣走到終點了嗎？」這種想法經常浮現腦海，每一次都讓我痛苦不已，在呻吟中苦苦尋思。雖然保持冷靜條理思考並不容易，我就像是搜索枯「腸」似地尋求解決之道。剛好，ＰＰＩＨ社刊的名稱也叫做《腸》，我以「腸力」兩字砥礪員工，「腸力」象徵了人在逆境中靠著堅定的意志力，在面對問題的時候，要懂得運用「腸力」突破各種瓶頸。

思考問題時，必須先釐清問題的本質。就像彈珠汽水一樣，彈珠卡在瓶頸出不去，若要把彈珠取出來，就必須先克服瓶頸。

同樣的，在我的腦海中，總是同時存在好幾個瓶頸，那些瓶頸常讓我輾轉反側。只要能夠突破瓶頸，就能夠一股作氣解決問題。每天我都會反覆思考、不斷揣摩各種可能性；這種持續思考的過程，就像行走在蜿蜒曲折的羊「腸」小徑中。

突然「啵」的一聲，豁然開朗的瞬間迎面而來，接著靈光乍現，突破瓶頸的方法便浮現腦海，我抱著半信半疑的心情嘗試一番，沒想到竟然順利解決問題，公司就邁向嶄新的成長與擴張。這種克服瓶頸的方法就是ＰＰＩＨ邁向成功的不二法門。

一人獨勝的「奇蹟」

目前ＰＰＩＨ是一家全球公認的國際聯合流通企業（參照表一）。在日本約三千九百家的上市企業中，從創業起連續三十四年營收和獲利持續成長的公司，只有ＰＰＩＨ一家。

在此我想請各位注意一件事，ＰＰＩＨ創立後，日本經歷了「失落的三十年」，亦即日本經濟急遽下滑的年代，但ＰＰＩＨ仍逆風飛馳，開創獨勝的成長局面，這樣的佳績可視為「奇蹟」。

請各位思考一下，面對詭譎多變的外部環境與突發事件（如：地震等天災、

表一　PPIH營業額與營業利潤的趨勢表

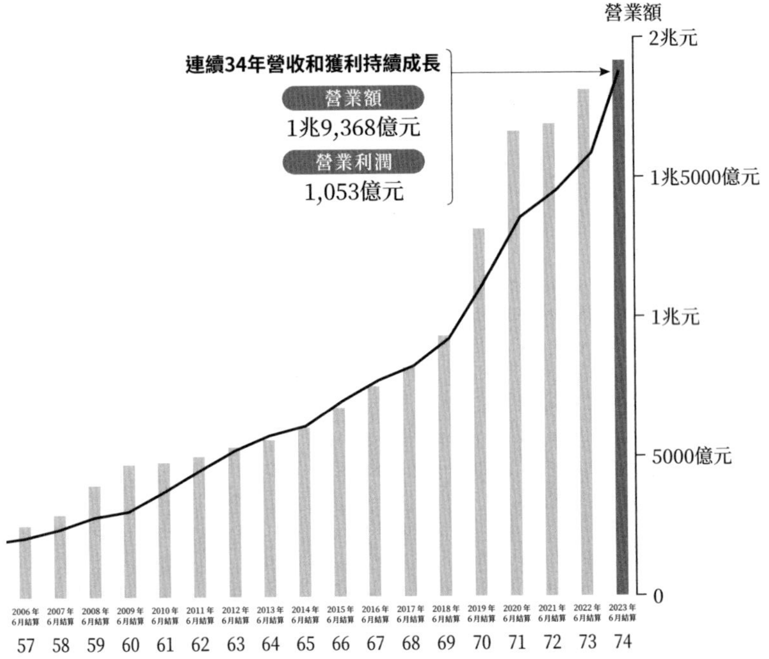

雷曼兄弟事件、新冠疫情等），就算是基本盤厚實的超優質企業，想連續三十年維持營利增長，絕對不是一件尋常的事。

那麼PPIH為何能創造奇蹟呢？因為這是一家非典型的連鎖店，擁有獨特的買低賣高經營模式，並且徹底實踐「分權管理」和「門市特色主義」，造就出絕無僅有的獨特性，其他公司難以模仿，使得本公司所構建的

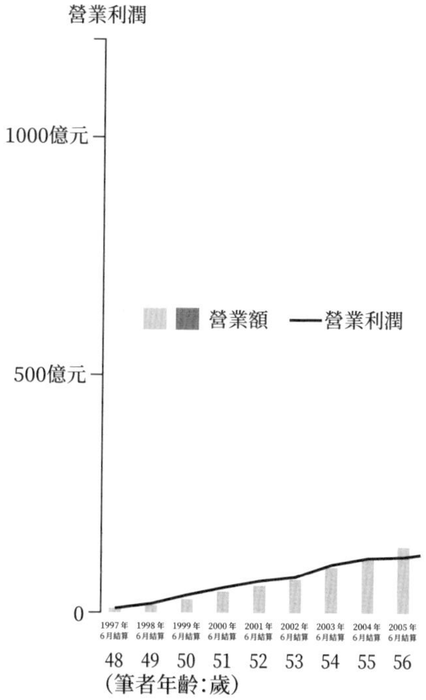

獨特戰略發揮了一定的功效。

但僅有獨特戰略卻仍然難以說明奇蹟為何發生？我想除了「運勢」就再無其他原因了！畢竟，公司經營三十多年來，連續遭逢劇變與動盪，也在全球性的各種災難中承受打擊，曾有一兩次面臨攸關企業存亡的危機。即使如此，公司的營收和獲利還在持續成長的原因，就是靠著我這個創辦人「掌握『運勢』的巧手」。

掌握「運勢」就能改變「人生」

我已經七十五歲，和其他人比起來，我的人生過得十分精彩。儘管ＰＰＩＨ

創造營業額二兆元的佳績，身為創辦人的我也足以排入全球成功企業家的行列。但是各位可曾知道我創業之前身無分文，也曾經陷入難以言喻的困境。若單以人生經驗值來看，光是累計成功與失敗的次數及大起大落的幅度，我的心智年齡或許是三百七十歲，大約是一般人的五倍。

靠著這三百七十年的經驗值，再來思考「運勢」這個不可思議的力量，我能夠見證它的真實性。「運勢」會隨著個人的意志和努力而變化，在某種程度上是可控的。因此，降臨在每個人身上的運氣總量，差異並不會太大，每個人都可透過行動增加自己運氣的數量。也就是說，**運氣好的人就是「能夠充分利用『運勢』的人」，而運氣差的人則是「無法充分利用『運勢』的人」，或是「不擅長利用『運勢』的人」**。

本書對「運勢」的定義，各位可以理解成：**隨著自身行動而產生的「機會」**，畢竟「運勢」在任何人身上都會發生。因此，若想成為事業有成、人生順遂的成功者，端看能否順利掌握「運勢」。

更進一步來說，成功者也分為許多種類，雖然在社會地位或身家財產上並未獲得成功，但在個人心靈上所獲得的安寧和滿足感，也算得上是成功者。我堅信**掌握「運勢」就能改變「人生」**。

「運勢」可以扭轉命運嗎？

「運勢」可以扭轉命運嗎？也許會有人提出各種反駁。例如「被捲入戰爭和災難的人，即使個人再怎麼努力與堅持，也無法改變命運，這樣的例子不勝枚舉吧？」就像第二次世界大戰中遭到迫害的猶太人、生活在獨裁國家飽受飢餓與迫害的人，或是無關個人意志就被捲入戰爭的烏克蘭人；在他們身上，我們看到個人的努力與堅持全都無濟於事，這也是不爭的事實。雖然，我個人對於這些反駁表達十二萬分的理解，一想到世上仍有許多人受苦受難，就十分難過。

撇開上述那些身不由己的例子，至於連續中了好幾期彩券的幸運，發生機率也極低，也不是本書探究的案例。甚至佛法當中提及的「生老病死」，亦即出生、衰老、患病、死亡這「四苦」，這也屬於身不由己的情況。我不想花費太多精力去思考這些課題，因為那不僅徒勞無功，還有可能會招來厄運。

本書並不打算討論這些特殊情況，因為一旦涉及特殊案例，就很難再積極展開論述，還不如在一般環境中探討如何掌握「運勢」比較好。

「運勢」和「湊巧」的不同

或許有人會說：「『運勢』本來就是上天注定好的，不是嗎？」「像猜拳這種賭局，想連續獲勝不是很難嗎？」這些質疑無可厚非。對於這樣的質問，必須先釐清「運勢」與「湊巧」有何不同？長期的「運勢」與短期的「湊巧」，有著本質上的差異。從結果論，**「賭輸贏」屬於短期的湊巧，人不能實際掌握這種湊巧**。請希望各位不要失望，別認為「那就沒什麼好說的了」。**我們還是能充分掌握人生和事業的中長期「運勢」**。至少，「個運」會憑藉個人的意志和努力而產生不同的結果。

「運勢」是一門最複雜的學問

就我所知的範圍內，未有任何文獻具體整理或記載關於控制中長期「運勢」的方法，畢竟「運勢」包含了各種複雜的變數。即使如此，**我確信自己可以透過「運勢」去推論「事情演變的可能性」**。

本書統整出與「運勢」有關的說法，與各種實際案例交互比對、加以驗證，而不是在科學層面上證明「運勢」。科學層面的證明是「可證偽性」或是「只要這麼做，絕無例外會變成那樣」，但是每個人的人生只有一次，不可能有相同的經歷來驗證「運勢」存在與否。而且，科學重視的是能夠百分之百重覆驗證，跟本書要討論的範疇不同。

「運勢」是一門最複雜的學問，或許就像人們還無法精準預測地震一樣。即使人類無法預測天災，明日或數日後的氣象預報準確率都已相當高。當然，氣象預報一定會有失準的時候，但是人們並不會認為氣象不是一門科學。

如果能夠透過機率學去推論「事情演變的可能性」，那就應該推廣給更多人知道。即使他的作法或許會招來正反兩極的意見，但我還是認為必須先講清楚。既然我自認擁有相當於三百七十歲的人生經驗，希望能夠在離世之前，帶著滿懷感激的心情，將它傳承下去。

「運的感受性」與「人際互動」有密切的關係

首先在這個世上，**每個人對「運的感受性」敏感程度各不相同**。對「運的感受性」較低的人，就算天資再怎麼聰穎，工作再怎麼努力，在事業與人生當中也許會經常犯錯，並為此蒙受損失。相對地，對「運的感受性」較高的人，不管遇到多少挫折，最終必定能夠獲得成功。

請容我舉一個最近的例子來說明，ＰＰＩＨ的營業團隊中，如各家門市社長級別的高階主管，年紀大多都是三十幾歲到四十幾歲之間。這群幹部在求學階段，無論成績表現或其他各方面，比他們優秀的人不在少數；但能夠和他們一樣，年紀輕輕就擔任要職的人卻少之又少。若說其中差異何在，除了對「運的感受性」之外，我想不到其他原因。

「運的感受性」雖然與天賦異稟或是勤奮學習沒有關聯性，但與「人際互動」有密切的關係。

從「運勢」中領悟「成功的訣竅」

最近，坊間出現許多標題帶有「呼喚幸運」或「開拓命運」之類的書，雖然我在書店曾見過，但卻一本都沒讀過。我認為**「運勢」不是能夠抓住或支配，而是把自己當作一個容器，「運勢」就會自然流入**。即使拼命地想改變「運勢」，最後也只是徒勞無功，或許「運勢」就像愛情一樣難以捉摸。

簡單來說，「運的感受性」是指自己有能力看出形勢，無論是順風的機會，或是逆風的危機。在商場上，運氣明顯較好的人，都具有優秀的洞察力，能夠看出潛在的機會或危機，他們其實就是一群掌握「運勢」的達人。

人的一生中，幸運與不幸造訪的次數是相等的。「運勢」會形成順風或逆風並影響人生，造成極大的差異。也就是說，若要靠著個人的能力扭轉處於逆風的「運勢」，幾乎是一件不可能的事情。

當不幸降臨的時候，我們就不該冒險莽撞，應該靜靜等待順風到來，此時「運勢」就會一口氣向上提升。

在那段放蕩的日子裡，我開始學會感受「運勢」。正因為在人生「谷底」的那六年，我才理解何謂「運的感受性」，並且靠著這個能力讓「運勢」站到我這邊，所以我在那六年內**從「運勢」中領悟「成功的訣竅」**。

之前靠麻將討生活時，我每天都和「運勢」搏鬥。輸了就沒有退路，勝負總讓我絞盡腦汁，有好幾次驚險獲勝才得以糊口。

但是，在連續獲勝之後，那些「待宰羔羊」的賭徒開始對我敬而遠之，而我迫不得已只好和身經百戰的猛將，也就是麻將好手展開對戰。跟他們對局宛如真槍實彈，令人喘不過氣。我在那時就領悟到看穿「『運勢』的流向」和「勝負關鍵」，或是發現流向自己的運勢，並做出反應的能力，就像有些人可以預測賭局勝負一樣。**當我感覺到「運勢」來到時就會貫徹攻勢，倘若感覺不到就採取守勢並仔細「觀察」局面。我就是靠著這樣的心態避開巨大的虧損。**

正因為我領悟「運的感受性」，才能避免過著在藍色防水布上的生活，慢慢爬到今天這個地位。

相信「運勢」是真實存在

想要靠一己之力順利掌握「運勢」的話，就要隨時架起探測「運勢」的「天線」，或者在自己身邊張開「運勢」的「雷達」。

然而，漫不經心就會讓天線的敏銳度下降，無法發現流向自己的「運勢」。在心裡必定要有「我一定會成功」的慾望，才能架起天線並察覺自己身邊的幸運與不幸。

簡單來說，不管是天線或雷達，當然要透過通電才能發揮作用，不然就毫無意義，因此**心裡必須抱有「相信『運勢』是真實存在」**的想法，才能發現流向自己的「運勢」。不過，「運勢」並不是虛無縹緲、捉摸不定的幻覺，而是真實存在於現實之中的力量，我們必須有能力去感受「運勢」，更進一步地說就是「相信『運勢』的力量」。

相信「運勢」存在於現實是一切的根本，我懇切期望各位透過本書，發現「運勢」確實存在，並且在各位心中種下相信這個事實的幼苗。

勇於挑戰會提升「運勢」

對未來抱持希望的「樂觀主義者」而言，更容易受到「運勢」的青睞。相對的，「運勢」不會降臨在悲觀主義者身上。樂觀主義者獲得成功的機率，絕對比悲觀主義者還要高。

基本上，成功人士是一名貨真價實的「挑戰者」，絕對不會懼怕風險，努力達成目標，並且經常帶著樂觀的態度持續挑戰。因此，成為一名「挑戰者」比任何事都重要，同時也提升了「運勢」。

我的人生歷經了一連串的挑戰，先是開了「小偷市場」進入零售業，接著轉型做盤商，隨後再回到零售業奮鬥。雖然當時我經營「小偷市場」，並未擁有專業能力、擅長的技能、人脈和門路，但我總是勇往直前，接受所有挑戰。因此，當其他人聽到我的計畫，總是嗤之以鼻，說我的想法過於狂妄。從周遭的人眼中看來，肯定認為我是一個不知輕重、痴人說夢的年輕人。

我自己不禁想著：「說不定我能做到！」心裡時常抱持著毫無根據的自信。為何我這麼有自信？每當我遇到瓶頸，心中充滿苦惱且不斷掙扎，總能發現身邊還有微弱的希望之火，於是我用心將他們採集起來，再加上自己所有的智慧全力以赴，靠著一點一滴的努力，終於讓幸運之花盛開綻放。

用科學說明「運勢」——何謂大數法則？

在本章的最後，我想稍微用科學的視角來討論「運勢」這件事。

各位應該多少都聽過「大數法則」，這是在統計學或概率論內極為重要的基本法則之一，適用於許多產業諸如：保險業、金融業、股票市場和賭場等。

「大數法則」雖然不是什麼艱深的學問，只要樣本數量愈多，樣本的平均值就愈接近期望值。

每當我們擲愈多次骰子，每個點數出現的機率愈來愈接近六分之一；投擲硬幣的次數增加，正反面的機率就愈趨近二分之一。也就是說，嘗試的次數增加，機率就會接近一定的數值。

反之，嘗試的次數愈少，就愈受到偶然性影響，完全無法預測，這就是統計學當中所謂的「波動」，也正闡明了什麼是「短期的湊巧」。

相信各位已經發現，「運勢」的機制就是**「掌握人生中長期的『運勢』」，並且遵循著「大數法則」**。因此，讓運氣變好、變壞的行為，隨著樣本愈來愈多，「運勢」的流向就會更清楚。總之，在人的一生中勇於挑戰新事物，才能累積夠多樣本數量，充分掌握「運勢」的流向。

成為「運勢」博弈中的莊家

博弈中有所謂的「賭場優勢」。賭場優勢是指在各種博弈項目及賭場中，莊家相較於賭客所擁有的優勢數值，只要賭場優勢愈高，就代表莊家贏過賭客的機率更高。

賭場優勢會因為博弈項目或賭場種類有所不同，賭客輸贏除了「運勢」之外，日本國內公營博弈的賭場優勢則占了百分之二十五的比率，遠高於世界上普遍規定的數值，可見日本的賭客在賭場上毫無優勢可言。

順帶一提，日本麻將館正因為只收場地費而不收手續費，我就是靠著「運勢」和技術決定勝負，所以才能在麻將館裡磨練技術，勉強維持生計。

總而言之，**只要賭場優勢持續存在，除了短期的湊巧之外，拉至中長期來看，賭客對上賭場的博弈是絕對贏不了的**。賭客參與博弈的時間愈長，大數法則就愈能發揮作用，賭場優勢就愈顯著。

為何要提到賭場優勢？在「運勢」博弈的這場賭局中，若要不落人後，就要想辦法成為莊家。「運勢」博弈中的賭場優勢，就像是「『運勢』演算法」中的變數，這個變數起伏很大，無法用三言兩語說清楚。我會在後面詳細說明，相信各位一定會明白其中的道理。

第一章重點

- 中長期的「運勢」，可以透過意志力和努力來掌握。
- 擦亮「運的感受性」，看透潛在的危機和轉機。
- 把自己當作一個容器，「運勢」就會自然流入。
- 「樂觀主義者」比「悲觀主義者」更受「運勢」青睞。

第二章

幸運最大化與不幸最小化

「運勢」的使用方式，會決定人生的結果

成功的經營者或企業家，在接受報紙或電視等新聞媒體專訪時，被問到成功的原因是什麼，總是會回答：「唉呀——我只是運氣好而已啦！」換作是我被問到相同的問題，大概也會給出類似的回應。

但是，這樣的回應絕對不是真心話，相信各位心裡一定也都這麼想。

「運氣好是事實，但是我擁有善用『運勢』的實力！」

為什麼大家都不實話實說呢？因為如果直接說出來，會給人一種傲慢無禮或出言不遜的印象，反而容易招來誤解或嫉妒，所以企業家們只好回答「運氣好而已啦！」

我認為每個人的一生中，運氣的總量並沒有太大的差異。從現實面來看，確實有些人運氣明顯很好，也有些人則恰恰相反。然而，這兩種人之間的差異，在於是否懂得掌握「運勢」！

運氣好的人，「知道如何善用『運勢』」；運氣不好的人，則是「不會善用

『運勢』」或是「不擅長善用『運勢』」。總之，**每個人一生擁有的運氣並沒有太大的差距，但因為「運勢」的使用方式不同，人生的結果可能會有極大的差異。**

提高運氣總量的訣竅

俗語說「禍福相倚」，意即不幸和幸運大多都會交互到來，就像投擲硬幣出現正反面一樣，代表反面的不幸出現幾次之後，接著可能會連續出現代表正面的幸運。想要預測不幸和幸運出現的順序，實在是一件難事，就像前一章提及，要用「大數法則」來推斷，最終出現的機率幾乎都是接近二分之一的結果。

特別是像我這樣勇敢接受多次挑戰的創業經營者，除了受到幸運的眷顧之外，也曾遭遇許多不幸。如同職業登山家挑戰各種高難度山脈，隨著挑戰難度高山的次數增加，遇到山難的風險也會增加。另外，幸運與不幸的起伏變動性很大，若不是獲得豐碩成果，就是面對危及性命的大災難。在命運翻弄下，若不能冷靜應對，就無法戰勝驚濤駭浪。

那麼，當幸運和不幸降臨時，我們該如何面對呢？**最佳的策略就是「幸運最大化」與「不幸最小化」**。當幸運造訪時，將幸運提升到最大，以及當不幸來臨時，將不幸下降到最小，這就是提高運氣總量的訣竅。

人們在遭遇不幸時往往會拚命掙扎，想方設法彌補損失，但魯莽行事反而會讓傷害擴大。因此，在遭逢不幸時，必須設定停損點，將傷害降到最低。至少，我在面對**不幸的時候，絕對不會莽撞行動，總是想盡辦法抑制自己的衝動**。

只要能夠撐過危機，轉機就會悄然而至。雖然幸運與不幸有起伏變動性，但我們遭逢愈大的不幸後，幸運造訪的可能性就愈大，成果也會更豐碩。這個時候，我們應該採取「放手一搏」的態度，將資金槓桿開到最大，一氣呵成，提高「運氣」總量，全心全力善用運勢。

從當地居民的抵制運動學到教訓

我經營公司時發生的一件事，讓我清楚意識到「幸運最大化」與「不幸最小化」的重要性。公司營運過程中難免「禍福相倚」，我仍甘願腳踏實地認真經營。每當公司營運績效不佳，我們總能咬緊牙關撐過危機，一切終將否極泰來。

自一九九五年起，唐吉訶德迅速展店，積極對市場展開攻勢，營業額隨之大幅提升。一九九六年的營業額高達百億日元，同年十二月股票也順利上市。一九九七年第八家店在新宿開幕後，商業雜誌專題報導「唐吉訶德直搗黃龍，進攻市場」，整個業界捲入強烈的「唐吉訶德旋風」。泡沫經濟期間，許多競爭企業紛紛破產，唐吉訶德卻一帆風順，屢創佳績。

不過，正當公司業績走向高峰，偌大的不幸就降臨了。

一九九九年六月，設在東京五日市街道上的小金井公園店開幕不久，當地居民強烈要求「降低夜間噪音，在晚上十一點打烊」。雪球愈滾愈大，居民及抗議者甚至發起大規模抵制運動。

唐吉訶德開店營業，完全遵照《大規模零售店鋪法》的規定，「深夜營業」沒有違反任何法規。我一開始的想法是「這些抱怨根本無理取鬧」，要求公司內外都採取強硬的姿態。

然而，此舉相當不明智。抵制運動很快就延燒到其他門市，甚至演變成反唐吉訶德展店的抗議行動。儘管我拚命表示一切合法，卻完全被情緒化的言論蓋過，媒體更是見獵心喜，彷彿在等待獵物上鉤，「唐吉訶德罪大惡極」等傳言一度甚囂塵上。

當大眾生活節目把「快速成長的深夜營業企業槓上當地居民」當成拍攝題材時，內容角度皆偏頗地導向弱勢居民無力對抗「自私企業」。而公司愈是反駁，媒體就愈緊咬不放，唐吉訶德彷彿變成愈十惡不赦。公司聲譽不佳，讓我不知如何出手挽回名聲，唐吉訶德陷入創業以來首次經營危機。

挺住壓力，堅守本分

爆發後一年，我放下原有的強硬姿態，改變既有方針。面對媒體抨擊，我的回應就是「忍」。冷靜下來之後，我發現「眼下應該力求守成」。在做出這個決定後，自己不成熟的態度，以及未能及時深刻自省等問題，都鮮明浮上檯面。我開始自我反省，認真聽取所有居民反對我們展店的意見，進而徹底改變門市形象，並掌握到更專業的知識，開發出適合當地的門市型態。唐吉訶德也加強清掃門市周邊，增派保全人員巡邏，給予當地居民豐厚的優惠。

這樣的改變，不僅成功發揮了「不幸最小化」的功能，公司也迎來另一次的幸運。同年六月，過去施行的大規模零售店鋪法廢止，取而代之的是大規模零售門市選址法案。該法案首重環境保護，這一點正是唐吉訶德的「傳家之寶」。該法案等於是為唐吉訶德背書，激烈的居民抵制運動就此消停，公司繼續順利展店。

正當我們忍氣吞聲、力求改善精進時，卻沒料到幸運竟然翩然而至，可說是不幸中的大幸。從此次事件中我們所學到的教訓是如何達到「幸運最大化」和「不幸最小化」的目標，正好印證我的運勢論點。

用「幸運最大化」來實現「不幸最小化」

在居民抵制的事件中，我還學到另一個教訓，那就**用「幸運最大化」來實現「不幸最小化」**。也就是說，**「幸運最大化」正是善用「運勢」的第一步**。

簡單來說，當幸運降臨時，我們必須善用。如此一來，遭逢不幸時，仰賴幸運所帶來的成果能夠構築出一張堅固的安全網，達到「不幸最小化」的目標。

當幸運降臨到唐吉訶德時，我們就大舉展店，投入所有資源達到「幸運最大化」的目標。一方面儲備實力，另一方面解決所費不貲的環境問題，最終得以實現「不幸最小化」的目標。

在漫長的人生中，不會有太多的幸運來敲門，所以我要不厭其煩地再說一次，當機會出現在眼前時，必須抱持著奮不顧身、心無旁騖的決心，勇往直前，直直走向盡頭。只要一心追求「幸運最大化」，自然而然就能迎來下一次的幸運造訪。

失敗並不可恥，取得壓倒性勝利才是一切

雖然我比別人更加討厭失敗，但實際上失利的次數卻比常人多一倍。歷經多次失敗，我仍舊爬到今天這個地位，原因在於我不會因為失敗而「一敗塗地」。取得「大獲全勝」才是一切。

目前為止，我們所開發、發展的商業模式中，以「唐吉訶德」為始，其他事業體更是高達上百個，其中包含收購企業在內，能夠延續到現在的事業體只有十五個。單純就數量來看，商場勝率並不高。

但從營業額來看，唐吉訶德連續三十四年營收和獲利持續成長，佳績不只非常罕見，還是唯一達成，致勝關鍵就在於我將「大獲全勝」視為首要任務。

在棒球和足球運動中，於規定時間內，即使自己隊伍只比對手多得一分，最後也是贏得賽局。一分之差的勝利和贏五分、十分的勝利，其實結果都是一樣（積分制都算作一勝）。只要不斷累積勝利，最終不管得分點數為何，都只以勝場數來決定排名。所以比起得多少分，最重要的是如何保持高勝率。

比起運動，人生與事業相對複雜。運動賽事每一個場次就能分出勝負，但是人生與事業皆要持續數十年才能見分曉。在這樣的情況下，就不能僅講求勝率，而是要依照得失分的多寡來決定勝利與否。人生與事業可以說是**隨時都在比較得失分差，更是一場永無休止的比賽**。

即使歷經多次失敗，也不需太過在意。就算連續遭遇微小的失敗，只要獲得一次巨大的成功，最終還是能夠贏得比賽。亦即，只要取得一次「壓倒性的勝利」，失分全都可以一筆勾銷。

以唐吉訶德或是海外門市「DON DON DONKI」的商業模式為例4，在現今的業界當中，只有萬分之一、二的機率，能夠獲得罕見的巨大成功。憑著這萬分之二的機率，本公司成為海內外屈指可數的商業巨頭。這一切說明了「**失敗並不可恥，取得壓倒性的勝利才是一切**」。

受到強運青睞的勇者

不過，實際上以大獲全勝作為目標，並不是一件簡單的事情。人們對「失敗」往往太過敏感，對「勝利」卻出乎意料的遲鈍，這就是行動經濟學裡所說的「損失規避偏誤（Loss Aversion Bias）」。人們在比較利益與損失時，容易放大對損失的感受，因此專注於規避損失。

以經商虧損五十萬元為例，由於人們對失敗較為敏感，因此容易意志消沉、懊悔萬分，想要不計一切挽回損失。明明有機會可以賺一百萬元，最後卻只賺了五十萬元。很少人會對「少賺了五十萬元」懊悔萬分，大多數人的思維只停留在「已經賺了五十萬元，見好就收吧！」

這種想法十分不可取，平白錯失一個好機會，只吃個「七分飽」、「八分飽」就志得意滿，這就是降低「運勢」的主要原因。**對於那些未能取得大獲全勝，氣到捶胸頓足且懊悔不已的人，才是真正受到強運青睞的勇者。**

---

4 編註：唐吉訶德在海外（美國除外）主要以「DON DON DONKI」名稱展店。

如果今天有一個機會能賺一百萬元，那些不滿足於只賺一百萬元的人，心裡會想著：「現在『運勢』的流向至少能讓我賺一百萬，說不定我還能賺到二百萬、三百萬，該怎麼去取得更大的勝利呢？」如此想的人，其實就是對勝利相當敏感且極具企圖心的人，在人生與事業上才能獲得巨大成功。

最糟糕的情況是，機會擺在眼前卻沒有把握。面對機會無法迅速做出反應的人，比起危機當頭卻無法適當處理的人更容易招來霉運！

貫徹利用「穴熊戰術」，制定緊急對策

前面提到幸運降臨時，就要懂得善用「運勢」。倘若心中「覺得幸運好像漸行漸遠」，在這種不幸到來的時期，又該怎麼去應對呢？此時我會像熊一樣，躲進洞穴裡冬眠，默默等待不幸消失。這樣的緊急對策，我稱之為「穴熊戰術」，特別是針對「個運」的掌握，我一直是**貫徹利用「穴熊戰術」，制定緊急對策**。

也就是說，運氣好的時候就該卯足全力，傾注所有資源一決勝負。但是，倘

若感受不到運氣的存在，或是無法分辨運氣好壞時，靜觀其變才是上上之策。能屈能伸、識清時務，就是人生與事業最強的成功訣竅。

千萬不要在「遭逢不幸時做垂死掙扎」，就像先前提到居民採取抵制行動時，我在公司內外都採強硬態度，致使抵制行動的火勢延燒到其他門市。所以，運氣不好的時候貿然採取行動，十之八九都是徒勞，更有可能招來劣勢，讓自己陷入不幸的惡性循環。

再者，為了打破不幸的僵局而費盡心力，等到幸運難得造訪時卻已筋疲力盡。在手忙腳亂的同時，不幸又比想像中來得更快，反而痛苦不堪，這就是所謂的「惡性循環」。

在洞穴裡虎視眈眈，鎖定逆轉的機會

若能靠著「幸運最大化」充分積累實力，就不用為了躲在洞穴裡的存糧煩惱，更沒有必要冒險離開洞穴去狩獵。

當然，待在洞穴時也不能悠哉地想著：「只要等待，船到橋頭自然直。」更別說放鬆警戒打起盹來，這個時候就不該鬆懈，**應該繃緊全身的神經，專心觀察洞外發生的事情，同時絞盡腦汁不斷思考該如何突破困境**。當「春天」來臨的時候，在腦海中模擬所有可能的情況，思考該採取什麼樣的行動，**在洞穴裡虎視眈眈，鎖定逆轉的機會**。

大腦皮層的活化程度，沒有任何時刻比待在洞穴裡思考時更加活躍。只要大腦全速運轉，覺察到下一次幸運來臨的敏感度就會提高，不會錯過「運勢」改變的好時機。在小心蟄伏的過程中，一旦感受到「時來運轉」，就立刻反守為攻。

正因在洞內仔細斟酌過戰術與戰略，把樂觀與悲觀都考量進去，所有事態演變在腦海中思考過一遍，我能因應狀況，迅速做出反應，我在出洞後從未失敗過。

只要反覆經歷幸運與不幸的**良性循環模式**，不管是人生或者事業，我保證總有一天會獲得壓倒性的勝利。

成功的關鍵，取決於能否「見機行事」

還有一個與「穴熊戰術」相似的概念，稱為「見機行事」。參與賭局或分析股市時，常聽人家說：「沒有真知灼見就不是一流人材。」或者「若能撥雲見日，就能否極泰來。」**簡單來說，這裡所謂的「見」，就是指「不參與眼前發生的事態，仔細觀察局勢的走向」**。

那麼，「穴熊戰術」和「見機行事」到底有什麼不同呢？我將前者歸類為「與個人及所屬組織相關的事件」，後者則涵蓋「超出個人或私人公司力量的社會和經濟變化」。

當社會和經濟發生劇烈變動時，「見機行事」的態度很重要。也就是表現得泰然自若，避免莽撞主動出擊，冷靜沉著觀察、分析情勢。如此「運勢」就會轉向我們這邊。用足球來比喻的話，就像是對手會踢出烏龍球一樣。

唐吉訶德第一家店開幕後，經歷了三次經濟危機。第一次是一九九一年的泡沫經濟，第二次是二〇〇〇年網路科技泡沫，第三次是二〇〇八年雷曼兄弟事件引發全球金融危機骨牌效應。在經濟劇烈變動與股市沉浮的蹂躪下，公司營收和獲利仍持續增長，**成功的關鍵取決於能否「見機行事」**。

在泡沫經濟時代，我對投機型理財或炒地皮不做多想。即使在唐吉訶德草創期，靠著不動產買賣賺取巨額金錢的人多如牛毛，一個晚上賺一億、二億也不算罕見。我則是靠著賣一件商品賺五十元、一百元，慢慢累積財富。我也有好幾次忍不住誘惑，想投資不動產，但直覺告訴我：「現在出手，絕對會賠。」年輕時打麻將就養成的勝負直覺，在我腦海裡猛敲警鐘。

果不其然，之後日本就發生泡沫經濟，正因為我懂得「見機行事」，公司營運並沒受到重大影響。

不光如此，隨後意料之外的「湊巧」翩然而至。泡沫經濟後，許多黃金地段的土地和店鋪都紛紛求售，而我正好以相當低廉的價格購入，同時也積極推動企業併購。透過同樣的套路，許多過去無法獲得的優秀人才，也被我大量網羅。這些行動後來都結出豐碩的果實，確立了ＰＰＩＨ發展的原動力，進而擴展至現在的規模。

總之，我認為，成功者與失敗者的分界點，就如同「穴熊戰術」一樣，取決於能否「見機行事」。

果斷「停損」

另一方面，有句俗語是這麼說的：「斷念值千金」。這原本是股票市場上的一句格言，意思是指賠錢的時候，為了彌補虧損而加碼買進，這樣不僅於事無補，也會讓帳面虧損愈變愈大。所以此時若能急流勇退，即是「停損值千金」。

在股市中所購入的股票遇到股價下跌時，若不想讓損失繼續擴大，多數人會拖拖拉拉，繼續抱著跌停的股票，一味等待股價回到購入時的水準，行話就稱為「醃股票」5。

5 編註：日本人把被套牢的股票稱「醃股票（株が塩漬けになった）」，意指這些套牢的股票就像鹽醃食品，不知道要保存到什麼時候才能脫手？

但這些被套牢的股票，短時間不可能馬上回升到購入價格。在這段期間，即使出現其他明顯看漲的股票，資金全已套牢，只能眼睜睜看著賺錢的機會溜走，這通常是股市新手常犯的錯。

那麼，想靠著股票賺錢（或至少不賠錢）的話，應該怎麼做呢？一開始就要做出決定，只要投資股票損失到一定程度，絕對要把手上的持股賣掉。

這樣**果斷「停損」**的資金，還能轉向購入下一支成績優股，一旦新購入的股票價格上漲，正是所謂「斷念值千金」帶來的收獲。光這一點就是股市專家和新手在操作技巧上最大的差異。

當然，經商也是如此。本公司二〇〇六年才在東京都內展開新商業模式便利商店「情熱空間」，短短兩年，二〇〇八年就果斷把五家門市全部收掉。一開始，我打算和其他便利商店做出差異化，重視現場做配菜的感覺，堅持在門市現場料理加工，雖然這個點子頗獲顧客歡迎，但是成本太高，使得商品沒有一致性，無法標準化，最後還是上不了軌道。簡單來說，一般便利商店會交由中央廚房生產

全世界聞名的「MEGA 唐吉訶德」澀谷總店儼然已成為訪日觀光客的朝聖地

微波食品，這才是最適合的商業模式。

其他經營者在面對像「情熱空間」這種時刻，為了挽回局面，會處心積慮研擬對策。但是當時公司正推動一項大型計畫，打算收購老牌綜合超市「長崎屋」。這對公司來說是前所未有的好機會，可以學到大型門市與生鮮食品的經營技巧。因此果斷將「情熱空間」停損，轉而收購「長崎屋」，這個決定讓公司宛如抽中「大吉」籤。

收購「長崎屋」後，公司學到之前不擅長的食品部門經營技巧，特別是生鮮食品。二〇〇八年六月，繼唐吉訶德之後，集團主力「MEGA唐吉訶德」第一家店問世，這家店是利用長崎屋四街道店轉換的新商業模式，也是唐吉訶德風格的量販店，這成為長崎屋脫胎換骨的典範。

繪製「失敗的藍圖」是作為停損的判斷基準

勇敢接受挑戰的人，一生中經歷許多挑戰，失敗的次數與嘗試的次數就不相上下。但這也不是什麼大問題，最重要的是在失敗時要懂得如何收場。

為了判斷何時退場，必須曉得「賠到什麼程度算失敗」。這個概念，也就是事先搞清楚失敗所需付出的代價，「出現幾億元以上的赤字，就果斷退出該產業」、「嘗試到這個階段，做不出結果就放棄」之類的停損訣竅。只要自己心中設立停損點，即使遇到失敗也就不足為懼，鼓起勇氣即能面對下一次挑戰。

經常聽到有人說：「描繪成功的藍圖非常重要」。但是成功終究只是結果論，畫出那種藍圖並沒有任何意義。因此，**繪製「失敗的藍圖」是作為停損的判斷基準**，才是迎向成功的必勝法。

斷念值千金，再戰抵萬寶

首先我必須強調，到目前為止講述的認賠規則或繪製失敗藍圖，全都是為了迎接「下一次挑戰」做準備。

我認為開發一個新的商業模式，挑戰一百次裡面只要有一兩次成功，就算是不錯的成績。但必須留意損失不要超過負荷，看清情勢並做好即時停損。只要在損失尚未擴大前，果斷退場，便能嘗試下一次挑戰。其實，公司過去在開發新商業模式時，所遭遇過的失敗不勝枚舉。

但只要反覆嘗試新挑戰，就能夠帶來「運勢」，也是讓成功的花朵綻放盛開的唯一方法，這就是所謂「斷念值千金，再戰抵萬寶」。

撤退的勇氣

多數的創業經營者和登山家一樣，經常要面對極端危險的突發狀況。特別是挑戰高水準的事業，難度異常之高，宛如在冬季攀登高山一樣。實際上，十次挑戰攀登高山，只要有一兩次成功登頂就算是優秀的成績。

登山家必須具備「撤退的勇氣」。山頂近在眼前，經評估不能再前進時，能夠適時折返。那些無法做出正確判斷的人，有很高的機率會遭遇慘痛的山難經驗。一旦遭遇山難，就無法嘗試下一次挑戰。

不顧眼前極度危險卻執意登頂，是最荒謬的自殺行為。然而，無法做到「小心蟄伏」的人非常多。

最近商界特別推崇「不服輸」的精神，如果在商界打滾，倘若一味地堅持「不服輸」，將會招來不幸。

許多人明明有能力，卻不知為何在商場上屢遭挫敗，在於這些人完全無法做到「見機行事」和「停損」。他們一味地堅持「不服輸」，沒辦法察覺到微小的變化、背後隱藏的危險。他們總是過於拚命，簡直自掘墳墓。

過度認真的人，反而容易犯錯

這樣的特質經常在年輕創業者身上看到，他們靠著自身的努力屢次獲取成果，但這些經驗反而讓他們不知何時應該「小心蟄伏」。因此**過度認真的人，反而容易犯錯**。

另外，提到意志力就會讓我想到，第二次世界大戰時日本軍一敗塗地。即使戰爭被逼入劣勢，日本軍隊的菁英分子仍舊不肯面對現實，只會高喊「鬼畜美英」或「一億人口總玉碎」等愚蠢的口號，藉此展現出如同集體自殺的戰意，而日本國運也因此顯著下滑。

很明顯的，在危險的暴風雪中展現毅力，只是垂死掙扎而已。當自己處於劣勢時，**抱持謙虛且客觀的態度，觀察事態發展動向，再怎麼痛苦也必須承認自己已落入絕境的事實**，堅忍不拔渡過困難，才能展現出真正的意志力。

第二章重點

- 每個人獲得的「運勢」沒有太大差別，但使用方法會大幅改變人生的結果。
- 幸運降臨時，必須竭盡全力做到「幸運最大化」。
- 相反的，當不幸到來時，必須小心蟄伏，不要輕舉妄動。
- 果斷「停損」才能「再度挑戰」。

第三章

「運勢」三大條件──「進攻」、「挑戰」和「樂觀主義」

何謂「安打率與打點的交叉比率」？

其實我認為**追求「運勢」和追求合理性幾乎是相同的概念**，我認為「運勢」與合理性之間的關係密不可分。

我一向只考慮當下最合理且最高機率的決策，這裡所說的機率是安打率和打點相乘的最大值，我把這個算式稱為「**安打率與打點的交叉比率**」。

「交叉比率」是流通業的用語，意指庫存商品可以帶來多少利潤的算式，具體計算方式為「商品周轉率×毛利率」，比率愈高就代表該商品獲利的效率愈高。也就是說，針對高交叉率的商品，灌注資源大力推銷，是做買賣最合理的勝利模式。

用棒球來比喻這個算式，無論是人生或事業上，都應該追求「安打率和打點的交叉比率」的最大值，平時在做任何決定時，都必須記得這條算式。如此一來，自然就能毫無偏差地持續做出合理的決策，這也是開運最直接的方法。

特別是組織規模愈來愈大時，原本個人擁有的「運勢」會朝向集團凝聚，自動自發地形成同一股力量，這時候若能持續執行高交叉比率的決策，就能創造一家最強運的公司，關於這一點將在第六章和第七章詳述。

話雖如此，想要善用「運勢」的合理決策，有一項前提，就是本章的標題：**「運勢」三大條件——「進攻」、「挑戰」和「樂觀主義」**。接下來，我會依照順序說明構成「運勢」的三大條件。

不想承擔風險，正是最大的風險

不管在哪個時代，不承擔風險就不可能會有豐厚的回報，這應該是任何人都沒有異議的。待在舒適圈裡，不可能摘取到成功的果實。那麼如果不求回報，是不是就能不承擔風險，獲得長期的安定與安寧呢？過去或許可以這麼做，現在是絕對行不通。

現今這個時代瞬息萬變，無論想不想承擔風險，意料之外的幸運與不幸都會悄然而至。以前在銀行工作，可說是一個令人稱羨的鐵飯碗，直到泡沫經濟，大銀行相繼倒閉，金融業界便迎來一波重新洗牌的大波動。這情況當然不僅發生在銀行業，其他日本代表性的大企業也曾遭受巨大衝擊。

我想說的是，就算進了一家看似穩定且保守的大企業競競業業工作，但在這個充滿不確定性的時代，可能會發生料想不到的事。若選擇一個不是自己喜歡的工作或是生活方式，勢必會飽受煎熬，還不如一開始就誠實面對自己，找到自己的理想工作，這樣的人生反而較為充實且快樂。

什麼是理想的工作？我覺得選擇進入一家社風自由開放，講求實力主義的企業就職，或是放手一搏去創業都可以。畢竟自己選擇工作，不僅一邊承擔風險，在過程中不斷挑戰自我。這樣的人，才會受到幸運女神青睞，並得到最大的回報。

無論如何，因為害怕承擔風險而作風保守的人，永遠不會遇到好運降臨，這應該是個不言而喻的道理。尤其是現在這個時代，「**不想承擔風險，正是最大的風險**」。

對我而言，年輕時就把這句話視為座右銘，過著風馳電掣的生活。遇到任何重要決斷時，心裡難免會想：「該怎麼避開風險，待在安逸且平穩的地方就好。」

但我會避免讓自己有這樣的想法。

最重要的是，要選擇能夠獲得巨大成果的方法。

承擔風險，獲得巨大的成果

說到承擔風險，收購「長崎屋」就是一個代表性的範例。唐吉訶德在二〇〇七年十月收購長崎屋，公司內部出現許多反對聲音。

長崎屋是在二〇〇〇年公司重組法案通過後，獲得新贊助並籌劃東山再起，但此時綜合超市的商業模式已經屬於夕陽產業。另一方面，長崎屋無論怎麼挽救低靡的業績，該公司累積的損失已超過百億元，儘管二〇〇七年長崎屋的營收至少有一百三十五億日元。若要收購一家龐大虧損的企業，不論銀行、證券分析師，甚至公司內的董事、幹部，幾乎全體反對，他們都一致認為此次收購的風險非公司所能承擔，不應一意孤行。

但是，我不顧眾人反對，堅持收購長崎屋。我認為收購長崎屋，除了能夠獲得超過五十家優良地段的門市，而且收購後的營業利潤只要沒有超過累積損失金額，營業利潤都能獲得免稅，我十分確信此舉會帶來巨大的經營資源。事實證明，通過這次收購，我們成功將長崎屋轉型為「ＭＥＧＡ唐吉訶德」，變成與唐吉訶德並駕齊驅的集團主要商業模式。我們**承擔風險，獲得巨大的成果**。

長崎屋只是眾多案例其中之一，公司也推動不少企業併購，同時累積了各種經驗與訣竅，一旦發生意外，也會有餘裕因應突發狀況。公司能夠積累出這般實力，也是果斷推動企業併購所獲得的成果。

有些人為了避開風險而失去豐碩的成果，結果得不償失，也就是**看似做了四平八穩的決策，其實是躲進安逸陳腐的窠臼，這樣的心態必須引以為戒**。

但是，愈是頭腦聰明且優秀的人，愈是難以選擇承擔風險。

接下來講的算是題外話，有一回我和某位公務員吃飯，聊到一半我突然說：「像你這麼有能力又聰明的人，承擔一點風險到公家機關以外的企業去發揮所長，應該會獲得更大的成就吧？」我透過提問試著了解他內心的想法。「為什麼要我去冒那樣的風險呢？」他露出驚訝的表情回答道。

而且我看出他臉上還透露以下的訊息。

「我從學生時期就那麼努力，拿到好學歷、當上公務員，就是想在人生路上盡可能不要冒險，為什麼你還要我離職呢？」

我心中暗忖：「原來你是這麼想的啊！」隨後加碼繼續問道：「承擔風險又不會死掉，像你擁有這麼優秀的能力，創業不是會比較快樂嗎？你真的滿足於現在的地位嗎？」結果他臉上竟露出厭惡的表情，看來是我多管閒事。

「堅守速攻」改為「速攻堅守」

面對承擔風險，持續採取進攻是重要的戰略。

由於我在商場上一直採取強勢的進攻策略，世人很容易把我視為「長年進攻型」的經營者，但實際上比起進攻，多數時間，我採取守勢的可能性較高。設定經營決策時，必須考量運氣、市場和經濟環境等因素，基本上我自己設定的黃金比例是「守勢七成／進攻三成」。

但是，即使我將守勢調到高達七成的比例，但進攻仍舊是重點。而且進攻時需要消耗極大的心力，集中注意力更是不可或缺，「守勢七成」正好能確保自己維持進攻步調。

無論如何，**若不隨時保持「進攻」的步調，好運絕對不會降臨**。「堅守速攻（防守的同時轉為進攻）」是一種常見的經營策略。但我反其道而行，採取「速攻堅守」。用更具體的形象來表達，就是把速攻作為最優先的準則，在進攻的同時視情況採取防守戰術，這就是為何我把經營策略從**「堅守速攻」改為「速攻堅守」**。

某位冠軍格鬥家說過，一般認為反擊拳是指在防守的情況下，不斷引誘對手出拳，並且巧妙閃躲對手的攻擊，然後再朝對手出拳。但實際上並非如此，我們應該要先採取進攻的姿態，以逼迫對手猛攻作為前提。當對手被攻擊到痛苦不堪、胡亂出拳時，就配合他的攻擊節奏反打一拳，才能做到一擊必殺。

害怕承擔風險而一味採取守勢，是絕對不可能在比賽中獲勝。若不將進攻戰術作為前提的話，就不可能守得住，該格鬥家的說法正好與我的理論不謀而合，實際聽到他這麼說的時候，我拍了一下大腿，心懷敬佩地想著：「他實在太懂我了！」

勇敢主動接受挑戰，就能「鴻運當頭」

不用明說，好運不可能從天而降。只要**勇敢主動接受挑戰，就能「鴻運當頭」**。一味害怕失敗或受傷，不挑戰任何事，終日得過且過，這樣的人永遠不可能成功。

PPIH內部發行過一本我親手撰寫的書，該書名為《源流》，裡面收錄了公司奉為圭臬的企業理念（參照卷末附錄），其中一段這麼寫道：

「若不能成為一名持續勇敢接受挑戰的戰士，那麼公司的價值與存在原因將會煙消雲散。」

永遠以挑戰者自居，已寫入公司的DNA，亦是自我認同的理念。

新加坡門市「DON DON DONKI」店內的模樣

二〇〇〇年之後，唐吉訶德便開始挑戰投入各種商業模式，諸如：開設情熱空間、收購長崎屋等，不斷反覆試錯和學習。

即使收購長崎屋帶來豐碩成果，公司仍未因此自滿而放棄挑戰。二〇〇六年開始進軍海外，二〇一七年正式在亞洲各國開設門市，新加坡因此有了第一家門市「DON DON DONKI」。該門市特色是「日本品牌與特色商品」，與日本的唐吉訶德完全不同，新加坡只販售日本產品及日本企劃開發的商品。新加坡門市的食品營業額占了整家店的九成，來自日本的蔬菜水果和章魚燒等菜餚，成為店內熱門商品。

這樣的商業模式也是在試錯學習後，孕育出來的成功案例。二〇二四年四月，唐吉訶德在亞洲六個國家和地區，共開設了四十五家門市，成為公司的收益支柱。

先是果斷地去實行，之後再充分思考

但有一點必須注意，如果只是毫無頭緒持續挑戰，也不會受到運氣的青睞。

先前提及的《源流》一書中，經營理念第五條如此記載：

「勇於挑戰，不畏懼面對現實，果斷撤退。」

誠如這條理念所述，「勇於挑戰」必須以「果斷撤退」作為配套措施。先前在「停損值千金」當中也提到，二〇〇六年公司打算投入熟食市場，開設了一家新型態的便利商店「情熱空間」。然而，因經營遲遲無法步上軌道，隔年就斷然退場。這個迅速退場的決定，最終帶來的成果，就是收購長崎屋並獲得成功。反覆的退場與挑戰，自然會迎接好運。

另外，我也多次強調，最要不得的心態，就是害怕失敗而放棄挑戰。

日文有句成語叫「熟慮斷行」，意思是經過深思熟慮後，再斷然實行，但我想請各位注意，許多人往往只是「深思熟慮」，並不會真的「斷然實行」，這樣的結果就跟「光說不練」一樣。

對於「熟慮斷行」這句話，我自己也是反其道而行，不論做什麼都以「**斷行熟慮**」為準則，**先是果斷地去實行，之後再充分思考**。

這句成語中的斷行，也可以說是「挑戰」。不先嘗試挑戰，就不會有任何進展，閉門造車是不可能有任何收獲。

登山家計畫挑戰一座難以攻克的山，出發前在腦海中想像最壞的情況，並且在心裡模擬對策，結果開始爬的前一刻，因為恐懼而放棄登頂，那麼之前的模擬就淪為紙上談兵，也不可能達成登頂的目標。首先必須實際攀爬看看，在現場檢視是否與模擬的情況有無出入。為了避免最壞的情況發生，唯有不斷嘗試錯誤學習，才能開創出正確的道路。

假設挑戰失敗，從過程中也能學到許多事情，絕對不會徒勞無功。細細品嚐透過挑戰得到的經驗及失敗時的懊悔心情，才能摸索出新的方向和方法，這就算是豐富的收獲，第二章提到的「再戰抵萬寶」就是這個道理。

將獲得的教訓當作糧食，面對下一次挑戰或深思熟慮時，就會比上一次有經驗，形成一個良性循環，最後自然能「鴻運當頭」。

永無止境迎接挑戰

提到我的特質或本性，與其說我是經營者，不如說我是創業家。而且，不管年紀多大，我的個性依然相同，可以說是一名「生涯創業家」。

我以生涯創業家的身份負責任地向各位保證，不管是人生或事業，勇敢接受挑戰一定會更加有趣且快樂。相反的，不接受挑戰，總想著「算了，就這樣吧！」而一味逃避，雖然看起來是過得比較輕鬆，但其實是既無聊又相當辛苦。

無論如何，挑戰能使人成長。實際上，累積挑戰經驗的人，和安於現狀的人比起來，只要經過幾年，兩者之間的實力就會有明顯的差異。我在目前的經營現場中，最少看過上百件這樣的實例，正因如此，我才會無法放棄挑戰。**永無止境迎接挑戰**的態度，是生涯創業家最重要的特質，同時也是足以自豪的資產，我深以為傲。

將「風險經營」改為「冒險經營」

我認為自己是發自內心喜歡挑戰，**藉由身經百戰的經歷，來驗證自己建立的假設是否合宜，這件事比品嚐美食更加吸引我**。因此，我擅自將**「風險經營」改為「冒險經營」**。以英文來看，冒險（Adventure）的字尾是風險（Venture），因此可知兩者語源相同，而風險主要用於商場，相對的冒險就純粹泛指一切行動。

我從少年時代起，就十分喜歡冒險和探險類的文學作品。法國小說家儒勒・凡爾納（Jules Verne）的著作，諸如：《環遊世界八十天》、《十五少年漂流記》、《地心歷險記》、《從地球到月球》，或是描寫歐洲人首次橫越非洲大陸的李文斯頓（David Livingstone）傳記，每一本我都沒有錯過，讀完後攤開世界地圖，總讓我沉浸於熱血沸騰兼具冒險與探險的幻想之旅。所以當時我的夢想，就是成為一名周遊全世界的「探險隊隊長」。

在我心中，經營、冒險和探險都是一樣的事情。如同想征服聖母峰（Qomolangma）和馬特洪峰（Matterhorn）的登山家一樣，我在面對經營時也是一樣的心情。創造新商業模式就像是進入一個人跡未沓之地，必須自己繪製地圖後再行前往。一路上克服艱險地形、意外事件和惡劣天候，就像闖關競賽一樣刺激。透過這樣的想法面對經營，過程絕對會變得萬分有趣。

不只是工作，在遊玩的時候，我也是貫徹冒險精神。我唯一的興趣就是到南方島嶼潛水，在海裡活捉熱帶魚回去養殖（事先聲明，這些都是經過各國管理當

唐吉訶德創辦人安田隆夫在帛琉潛水抓魚

局正式許可，合法進行的休閒活動）。這並不是一項既有的休閒活動，潛水愛好者人數眾多，但只有我一個人在潛水的同時還捕捉熱帶魚。

順帶一提，ＳＮＳ等媒體流傳著一個都市傳說，內容是說唐吉訶德門市前的水族箱，裡面的熱帶魚「都是唐吉訶德的會長親自捕捉回來的」，其實這不是什麼都市傳說，而是不折不扣的事實。至今我仍會去體驗水肺潛水，並且同時捕捉魚類，這是我此生最大的興趣。

不管到什麼時候，令人心跳不已、忐忑不安的冒險經營正是我的信條，也可以說是之前提到《源流》的精神所在。

成為「樂觀主義者」才是通往勝利與成功的捷徑

話題回到「運勢」的三大條件，先前提過經常保持樂觀主義的人，才會受到幸運女神青睞。再重覆一次，「運勢」的三大條件是本章所提到的「進攻」和「挑戰」，最後再加上「樂觀主義」。

關於這一點，我彷彿已經聽到讀者提出的質疑：「進攻和挑戰是迎接好運的條件，雖然感覺是虛無飄渺的概念，但是經過本章至今的說明，可以清楚明白其道理，但樂觀主義這一點就相當難以理解。樂觀主義者擁有壓倒性的成功經驗，是否有實際的證據或數據能證明呢？」

對於這個問題，我的回答是：「太多了，多到我都不知道要拿哪一件出來講」。從股票市場來看，即使短期股價會有起伏，但全世界股票價格總額，在這數十年間，一直都是持續上漲。也就是說，長期持有且保持樂觀態度的投資人，幾乎百分之百都成為大資產家了。其中最具代表性的人物，就是世界知名投資人華倫・巴菲特（Warren Edward Buffett）。

又或者說，廣為人知的「理性樂觀主義者」，英國牛津大學榮譽院士麥特・瑞德里（Matt Ridley），他在暢銷全世界的著作《世界，沒你想的那麼糟：達爾文也喊Yes的樂觀演化（The Rational Optimist: How Prosperity Evolves）》當中，講述以下的內容（以下為筆者節錄摘要）。

「數十年前，世界各地就有人高聲疾呼許多悲觀的論點，諸如：『人口驟增將造成糧食與資源枯竭』、『人類的生活水準已經不可能再提升』、『貧富差距與貧窮人口擴大，將使得人類社會就此崩潰』。然而，現實中又是如何呢？這些預測全都落空（現在幾乎已經沒人再提），因此歷史已經證明，樂觀看待未來才是唯一的正解。

一八〇〇年以來，世界人口已經增長六倍，而人類平均壽命延長了兩倍，實質所得也上漲九倍以上。光只看這半個世紀，個人所得減少的國家，在全世界不超過六個，平均壽命縮短的國家也只有三個（俄羅斯、史瓦帝尼、辛巴威），沒有任何一個國家，未滿周歲的嬰兒存活率下降。乍看之下，窮凶惡極的犯罪似乎有呈現增加的趨勢，但其實在全世界範圍內這類案件卻正在驟減。

當然，人類的生活水準也大幅提升。至少全世界中進國的一般庶民，已經凌駕過去的王公貴戚或大富豪，享受著豐裕奢侈且便利的生活。」

各位覺得如何呢？這麼明確且萬分有說服力的證據，麥特・瑞德里運用充滿洞察力的理論，將人類悲觀預測的反證，全部呈現在我們眼前，同時昭示現代正是人類史上最輝煌的時代，所以說，**成為「樂觀主義者」才是通往勝利與成功的捷徑**。

第三章 重點

- 不想承擔風險，正是最大的風險。
- 堅持速攻，同時做好更多防守準備。
- 先果斷挑戰，再因應狀況深思熟慮，即使挑戰失敗，也可作為下一次挑戰的教訓。
- 成為「樂觀主義者」才是通往勝利與成功的捷徑。

安田講座①　一個人的革命

關於我不厭其煩的挑戰精神，到底是如何建立起來的。為了探索其中精髓，讓我們一起踏上一場回顧我的「創業歷程」。

這樣聽起來好像很帥氣，但年輕時代的我一事無成，只是汲汲營營為生活所苦。總之就是個終日渾渾噩噩，翻不了身的男人。

其實我不太願意想起自己不堪回首的過往，也有點抗拒在本書中提到那些事。但另一方面，正因為有了那些親身體驗，才醞釀出我現在的挑戰精神和戰鬥意志，這也是不爭的事實。因此我決定忍受恥辱，公開當時頹廢的姿態。

體制派竟然變成反體制派的代表？

我生於一九四九年，正是日本戰後嬰兒潮出生的「團塊世代」。

這些都已經是半個世紀前的事情，各位年輕讀者可能不是很了解，但我們團塊世代又被稱為「全共鬥世代」，也就是在大學時期，適逢學生運動最旺盛的年代。

現在回想起來仍舊叫人難以置信，當時多數學生熱衷於反體制（社會主義或共產主義），企圖發動「革命」實現理想社會。許多群眾都參與了大規模的示威活動，紛紛投身於狂熱的學生運動中。

另一方面，我對那些運動絲毫沒有一點興趣與關心。不論個人再怎麼努力，也不可能對這個國家造成影響，因此也不可能對那種「虛華不實」的革命思想產生共鳴。

可以這麼說，我當時就是個徹頭徹尾的現實主義者，在學生群體中被視為少數的體制派。

我自認沒有取代反體制派主張的高見，於是我心裡暗自決定：「我根本不需要去改變社會或國家，我只想掀起一場屬於自己的革命。」

照我當時的想法，是想成為一位公司經營者，對社會發動一場影響我自身周遭的革命，為我自己拉開「一個人的革命」的序幕。

原本支持反體制革命的學生就占壓倒性多數，但是一到求職階段，他們卻頭也不回地「轉向」，毫不猶豫剪掉當時流行的長髮，改成三七旁分髮型，穿上白襯衫和西裝，參加猶如體制派權力代表的大企業面試。看到同學這樣的轉變，我心裡大吃一驚，簡直不敢置信。

他們被稱為「猛烈的上班族」，他們的作為與學生時代的信條完全相反，反而成為他們最輕蔑的「小市民」，在社會中勤奮地勇往直前。

即使如此，看到那個世代的人們，翻臉比翻書還快，讓我大開眼界。說他們是識時務者為俊傑，聽起來好像也合理，但在我看來簡直是輕率且毫無節操的「理念背叛者」。

無論如何，我倒成為反體制的代表，又變成孤零零一個人，彷彿被眾人「置之不理」。

痛苦難忍的寂寥感與孤獨感

持續約六年的放蕩生活中，我懷抱著「一個人的革命」的夢想，一貫地維持孤芳自賞的態度。說自己孤芳自賞聽起來很帥氣，但現實絕對不是這麼一回事。外表看起來強勢的另一面，我常常蜷曲著身子，一直深感寂寥與孤獨。

我之所以不願勾起不堪的回憶，正是指上述的心情和形象。在我的生涯中，除了那個時期，再也不曾如此艱辛、寂寞又荒唐。和當時那股近乎孤芳自賞的寂寥感相比，之後的辛酸都不值得一提。

當時偶爾和「轉向組」的同學相遇，他竟然對我這麼說：「安田你到底在搞什麼啊？快睜開眼睛看看現實世界，差不多也該找個正經的工作，認真過生活如何？」

或許他覺得自己是出自關心才這麼說，但這個不久之前才高喊無產階級革命，參與各種激進活動的男人，竟然臉不紅氣不喘跟我說這些，我簡直做夢也想不到，只能張嘴語塞。

我趁這個機會重新審視自己的人生，對他厭煩想法，讓我心中暗忖：「你算什麼東西！」感覺上從那時起，我就萌生了不斷勇敢接受挑戰的覺悟與自信。

無論如何，倘若能和五十年前的自己見面，我一定會先溫柔地摸摸他的頭，先是一言不發地緊緊抱住他，接著再對他說：「你做得很好，已經夠努力了！」

那六年間嘗到的寂寥感和孤獨感，撐起我之後的人生，也像是一道防波堤，更是我無可取代的活力泉源。

一無是處的人，才是真正的強者

回顧自己一直以來的生活方式及人生經歷，我總會不由自主地想跟自己說：「你竟然能平安無事闖到現在。」那些不斷勇敢接受挑戰卻反被逼入絕境，到回過神來已經站在懸崖邊緣的經驗，在我身上發生的次數不勝枚舉。有許多次我就站在懸崖邊緣絞盡腦汁，即使是黔驢之技也不放過，最後得出一個最初完全沒有想過的對策，所幸在危機中化險為夷。

用我自己獨特的描述來說，就好像是從一條鋼索跳到另一條鋼索，簡直是神乎奇技的表演，就這樣反覆逃過陷入地獄的危機，之後否極泰來獲得另一個機會，彷彿同時遭遇兩次奇蹟一般，真的佩服自己可以表現得如此優異。

不是我要自吹自擂，我那異想天開的決策，普通人根本想像不到，而最後那些想法也順利成為助力。而且，我認為自己的成就還要歸功於思考過後，不畏懼失敗並且立即付諸實踐的行動力。

不過，若要追究最根本的原因，一無是處的我反而是一種優勢。這麼說不是謙虛或自虐，而是發自內心的真話。假設我是一位能力出眾或表現傑出，而且不管在哪個行業都能生存的人，又或者是深受女性喜歡的類型，那我就不會像現在這樣拚命地去接受挑戰。

數次面對如履薄冰的處境，卻仍舊能夠頑強地堅持下去，正是因為我沒有什麼特別之處，所以經常處於生死交關，不得不去面對挑戰，並且盡最大的努力來突圍。

順帶一提，雖然現在我已經不需要再努力，但我仍然持續不斷地接受挑戰，因為我掀起的「一個人的革命」還沒走到盡頭。

第四章

降低「運勢」的行為

不迎戰會降低「運勢」

第三章提到「運勢」的三大條件是「進攻」、「挑戰」和「樂觀主義」。本章就針對「降低『運勢』的行為」，配合我自己的經驗和觀點進行討論。用上一章的結論反過來解釋的話，就是「**不迎戰會降低『運勢』**」。

ＰＰＩＨ是流通業，隨時都要保持備戰狀態。因為日本的全體消費市場，在構造上是一場零和賽局（Zero-sum game），今後更可能轉變為負和賽局（Negative-sum game）。在這樣的環境中，為了搶奪同一塊市場大餅，必須盡最大可能提升競爭力，就像一位鬥牛士在競技場上與猛牛搏鬥。

順帶一提，隨時保持備戰狀態並不只適用於流通零售業，我認為再過不久所有產業都不能輕忽這一點。

無論如何，只要我們站上流通戰爭這座舞台，散落在日本各地六百二十家門市，都必須夙夜匪懈與對手短兵相接。也就是說，即使只是一位當地的顧客，也要從其他商店爭奪過來，宛如一個競爭激烈的戰場。

商場如戰場，如果將軍在戰場無法身先士卒，戰場上的士兵就不會賣命作戰，甚至戰場上的士兵一眼就能看穿將軍的能耐，因為這會攸關到自己的性命安危，當然不可輕忽。相反的，如果將軍驍勇善戰，所謂「強將之下無弱兵」，必能建立一支所向披靡的強大部隊。

雖然我拿戰爭做比喻，但流通戰爭實際上不會送命，也不會受到不可逆的傷害，在現實中並無任何風險。簡單來說，就是店家爭取顧客青睞和支持，彼此切磋琢磨，從結果上來看，是一場讓世人幸福，對社會有貢獻的戰爭。不管怎麼說，不迎戰這件事本身，就會成為降低「運勢」的最大風險。

研討戰略和戰術之前，要先全面備戰

到目前為止，我一再不厭其煩地說：「**在研討戰略和戰術之前，首先要進入全面備戰的狀態**」，強調迎戰準備的重要性。

我最討厭一種人，就是天花亂墜講述戰略或戰術，結果自己從來都不參與戰鬥。讓這種人在公司裡坐大，是我最害怕的一件事。因為這不單只會影響「個運」，就連第六章之後詳述的「集團運」也會一口氣下滑。

不做好全面備戰會降低「運勢」。

日本家電和半導體製造商就是活生生的例子，過去日本家電製品，因價格實惠及品質優良，席捲全世界的市場。另外，一九八〇年代後半，日本半導體更穩坐世界市占率首位。然而，如今過往的輝煌已煙消雲散，近數十年，被中韓台（中國、韓國、台灣）的新進廠商遠遠超越，形成完全逆轉的局面，各位應該都很清楚。

日本製造商凋零的原因有很多，其中最主要的一點，就是日本製造商長期坐擁「世界一流」之名，使得許多企業員工淪為「不迎戰的上班族集團」。因此，不能堅持戰鬥姿態肯定會降低「運勢」，日本家電、半導體製造商也不例外，在中韓台製造商強的戰鬥精神之前，也只能落得慘敗收場。

優先採取守勢的經營態度是一個大問題

為何日本製造商的員工看起來毫無鬥志？單論日本製造商的員工能力，絕不遜於中韓台製造商的員工。他們也不是比較沒幹勁，也絕對不會自命不凡，問題單純就出在高層決策者的經營風格和心態。剛才也有說過，將軍如果不夠勇猛，就訓練不出強大的部隊。

那麼，日本與中韓台的經營管理，究竟有什麼不同呢？說得極端一些，差別在於公司高層決策者的領導類型，大致可分為兩種，一種是優先採取「守勢」策略的外聘社長，另一種是著重「攻勢」的創業經營者。

現代的日本大企業，大半都是採用前者的形式，由外部招聘社長來經營。他們只需順利執行企業組織所交付的業務，只要沒有犯下太大的錯誤，基本上都能平步青雲。這些人一旦坐上社長的位子後，最先考慮到的重點，就是在自己任內不要做多餘的事情，平穩無事渡過任期即可，這就是「守勢」經營的領導者類型。

另一方面，中韓台的企業，第一代發跡的創業經營者目前都還健在。在這些企業中，經營者還擁有主人翁精神，比較會用中長期的眼光來看待經營，所以會考慮到怎麼做對公司最好。專注思考企業的未來，才不會滿足於現狀，這就是「攻勢」經營的領導者類型。

外聘社長的主人翁精神相對低落，相較於賭上性命的創業經營者，兩者在企業經營理念和戰略有根本上的不同。無論如何，多數的中韓台製造商，都還懷抱著主人翁精神，公司才能成長到現在這樣的規模。

順帶一提，創業者為企業募集到的資金，和其他一般投資基金相比，運用效率明顯高出許多，這個事實也能夠證明主人翁精神實力較為強大。

不過，我並不是要全盤否定外聘社長這個角色，只是想指出**優先採取守勢的經營態度是一個大問題**。創業者不可能永遠站在企業經營的第一線，倘若主人翁精神能夠好好地傳承下去，為公司制定進攻戰術的經營策略，即使經營者是外聘社長也完全沒有問題。外聘社長具備主人翁精神可說是非常少見，但日本國內確實也存在著這一類人。

沒有受惠的幸福與百分之一的悲劇

我在二十九歲的時候，開了一家只有十八坪的小型雜貨店「小偷市場」。當時我沒有任何特殊技能和長處，也沒有人幫忙，可以說是真正的赤手空拳。我投入了先前存下來的所有金錢，就在所謂背水一戰的狀態下，用外行人的經商手法開始經營事業。

回想起來，那個時候支持我的動力，就是一心只想著「總之要賺錢，爬到社會頂層的地位」，沒有受惠於任何支援。但是現在回頭思考，在那個情況下，確實存在著「**沒有受惠的幸福**」。

正因為沒人對我伸出援手，我就可以不受任何限制、自由自在、一股勁地去執行「運勢」的三大條件——「進攻」、「挑戰」和「樂觀主義」。當然最後獲得的豐碩成果，也是由我自己一個人獨自享受。

具體而言，就是我能傾盡全力，努力經營一家既醒目，又擁有獨自特色，而且不會被埋沒在街道中的店面，這一切絕對是我開創事業運的第一步。

反過來說，如果我受惠於天賦或別人伸出的援手，就不會有今天這番成就。這就是我在討論經營理念時，時常提及的「**百分之一的悲劇**」。

有些人出生於富裕的家庭，或是在校成績優異，抑或是擁有足球等運動才能，這些人雖然躋身僅占百分之一的社會頂層地位，卻反而會被過往的榮耀所連累，掌握不到幸運，甚至有些人還會導致「運勢」下降。

正因為受惠於天賦或家族援助，他們往往會表現得較為保守，也就是為了守住自尊，避免面對挑戰，因此不會受到幸運女神的青睞。第三章提到的那名公務員，就對承擔風險展現出消極的態度，我覺得這應該就是典型「百分之一的悲劇」。

說到底，受惠於天賦或家庭資源，絕對不是什麼好事。在國高中時期，校內成績排名在前面百分之一的優等生，出了社會以後也只是一般的凡人。就算他們真的擠進大企業或公家機關，與他資歷相同的員工或公務員，也是多如牛毛。

但是他們這些人，總會沈溺於過去位居校內前面百分之一的榮光，並一味地竭盡全力守護自尊，但幸運女神絕對不會對這種人露出微笑。我認為這類型的上班族集團，就是近年來使日本經濟受到決定性傷害的頭號戰犯。

一開口就讓自己蒙受損失

降低「運勢」的最大主因，取決於是否留意「人際關係」。因為「運勢」的好壞，幾乎都和「人對人」的問題脫不了關係。也就是說，與別人的關係，將大幅影響自己的「運勢」，可能使自己的「運勢」變好，反之也可能降低「運勢」。

不過要看清一個人，事實上是極為困難的事情。但是，讓自己的「運勢」顯著降低的人，可以從一些行為看得出來。接下來，我會舉出幾個實例，提出「避免接觸比較好」的類型。

首先是最容易理解的例子，「**一開口就讓自己蒙受損失**」，也就是所謂「惡運當頭」的人。

這件事說來很羞恥，我在二十幾歲的時候，渡過了大約六年的放蕩生活。身邊的人經常這麼對我說：「你從一流大學畢業，明明可以找個工作，當個穩定的上班族多好」。即使如此我仍舊堅持己見，一邊利用麻將糊口，並總是毫無根據地想著：「有朝一日，我會贏一把大的」。

這樣聽起來好像很帥氣，但其實只是我嘴硬而已，宛如陶醉於自命不凡的幻想之中。

這樣的人必然會讓身邊的人覺得：「這傢伙很危險」、「不要靠近他比較好」。漸漸地，幾乎沒有正常人會跟我來往，圍繞在我身邊的人，總是看似行跡可疑或圖謀不軌。

事到如今說出來也無妨，具體來說會來跟我接觸的人，都是從陰暗小巷裡打滾出來的人物，像是詐欺師或背地裡幹些見不得人勾當的人，甚至還有些傢伙借了錢之後，把債務丟給保證人。總之，這些人都是危害社會的蛆蟲。

當然，我自己沒有真正和那些人交心，頂多就是遇到會閒聊而已。但是，光只是這樣，就造成「運勢」下滑的主要原因。實際上，我也為此多次吃盡苦頭，

「有些人，絕對不能與之有任何瓜葛」，這個看似理所當然的道理，我卻透過身體力行才理解。

他罰型的人有什麼問題？

姑且不論「一開口就讓自己蒙受損失的人」，有些人看起來極為正常，但是深入交往之後，才知道他們也會導致自己「運勢」下滑，這種人都具有「他罰型」傾向。

他罰型的人，對於眼前的遭遇不但不會自我反省，還會說：「這個世界虧欠我」、「公司惡整我」、「都是身邊的人害的」，透過攻擊別人來安慰自己。這類型的人通常不甘寂寞，希望得到別人關懷，一旦被他們相中，還會主動纏上來蹭東蹭西。

而且，這種人臉上經常掛著親切的笑容，戴著紳士般的面具接近。因此，想遠離如此陰險的人絕非易事，只能盡力與他們切斷關係。這種他罰型的思考模式，也會對自己產生影響，最終招來不必要的厄運。

到底**他罰型的人有什麼問題？**主要是無法做到「換位思考（日文稱為『主語轉換』）」[6]。關於「換位思考」，會在第五章詳細說明，這也是提升「運勢」就必須擁有的能力。簡單來說，就是「站在對方的立場思考與行動」。或許有人會覺得：「什麼嘛！就這麼簡單！」但是在工作或事業中，想要做到這一點卻非常困難，任誰遇到想那麼做卻力不從心。

常人都已經難以持續堅持此道，他罰型的人更是完全無法「換位思考」。他們原本就認為世界是以自己為中心在運作，缺乏客觀審視自己的能力。要他們去推敲別人的心情，更是一件不可能的任務。

倘若一個組織裡他罰型的人愈來愈多，就會形成公司裡的主流派，這樣的公司毫無疑問一定會走霉運。無論公司員工的個別能力有多麼優秀，仍舊看不見公司整體有成長的可能性。不僅如此，還會導致公司走向衰退，我曾經有過親身體驗，才敢如此斷言。

與瘟神保持適當的距離

另外還有一種人，我絕對不會信任，這些人總喜歡把自己的實力說得比現實還誇大。

他們會穿戴不符合自己身份的高價服飾，表現得比實際富有的樣子，或者把話說得很滿，甚至有人會說自己和藝人或政治家有來往，總之就是想讓自己看起來很了不起。

這種人與瘟神無異，會將別人當作台階往上爬。如果不假思索就和他們打交道，自己很可能會因此受害。一定要想辦法盡量遠離他們，如果沒辦法避免接觸這種人，也必須**與瘟神保持適當的距離**。

6 編註：「主語轉換」一詞表示在思考或行動時，將自己作為主體的視角切換到對方的立場，這種轉換可以表現在顧客、同事、組織等視角，能夠共同感受及深入理解，不僅有助於解決衝突，也能促進更高效的合作和決策，這就是我們平時所說的「換位思考」。

到頭來，人與人終究難以相互理解

像這樣會降低自己「運勢」的人不勝枚舉，這些人一般都表現得非常好相處，面帶微笑且擅長拉近彼此的距離。但是在某一天，他們就會突然化身成帶來厄運的惡魔。

為了避免和這些人有過多的接觸，了解身邊人的本性，看清他們真實面貌，是一項非常重要的能力，然而想要做到這一點卻十分困難。

到目前為止的人生中，我在公私兩方面都遇過無數類型的人，幾乎體驗過各式各樣的人際關係。至少，我與別人相處的次數和種類，絕對不落人後。這些經歷就逐漸形成自信的基礎，到了三、四十歲的時候，我心想：「我看過這麼多人，經歷過許多悲歡離合，將來再認識新朋友，應該有相當程度的機率，可以瞬間識破對方的本性。」

但是，之後又過了幾年，我才知道這樣的想法，只是自以為是的幻想。隨著經驗的累積，遭受不少人戲弄背叛後，看人的眼光多少會有所提升。不過，這些充其量都只能算是單一個案，之後期待落空或被人欺騙，以及讓我看走眼的事情反而沒有減少。

「**到頭來，人與人終究難以相互理解。**」這是我最後得出的結論。

試著想想，就連神的兒子耶穌・基督，僅有十二名門徒，還是遭受其中一人背叛，最終被釘上十字架。更何況是我們只是區區凡人，不可能輕易就能看穿別人的本性。

即使如此，在工作或私人領域的許多場合中，我們不得不在初次與人相遇的階段，就必須判斷對方的來歷，並採取適當的應對措施。倘若事實就是這樣，那麼首先我們必須承認自己「無法理解別人」，將來也該用正面的態度，去面對「無法完全理解別人」這件事，這麼做才是上策。

讓時間來證明

另外，有一個方法是「**讓時間來證明**」。也就是說，經過一段時間仔細衡量，就能看出一個人到底是真誠還是虛偽。到頭來，想要評價或判斷一個人，是沒有任何辦法能勝過時間的洗禮。

有些人的第一印象讓人感到優秀且具有魅力，但愈是給人這種印象的人，愈是不該給予過高的評價，也不能過度信任對方，這一點必須謹記在心。

順帶一提，「讓時間來證明」要多久呢？短則三到四個月，長則需要花費一年（當然，這取決於與對方接觸的密度、頻率，以及兩人關係）。

稍微離題一下，有時候我們會忽略讓時間來證明的重要性，男女關係就是很好的例子。有句話說「初見定終生」，男女之間的戀愛關係，很容易因為第一印象，或是所謂一見鍾情，讓人完全受到情感支配，因而忽略讓時間來證明的重要性。無論最終結果如何，一切只能聽天由命，遺憾的是這種情況通常是以「悲劇收場」。

「讓時間來證明」不只適用於男女關係，工作上的人際關係或面試新人等情況也能適用。關於面試這一點，「實習」正是企業與學生互相讓時間來證明的時期，我覺得這是值得信賴的一種制度。

當然，第一印象和「讓時間來證明」的結果倘若一致的話，自然是最好的情況。但是，兩者往往都會產生相當大的差距，倘若遇到這樣的情況無庸贅言，一定要有勇氣及冷靜的態度，以後者（讓時間來證明）的結果作為判斷的優先考量。

容我再說一次：「人與人終究無法相互理解」，因此「讓時間來證明」是必要的過程。無論是朋友、熟人或戀人，甚至是同事、員工或主管，**一旦將時間來證明這個概念拋諸腦後，就會錯失人際關係的判斷基準，最終直接導致「運勢」下滑**。

掌握距離的高手

和他罰型的人或瘟神保持距離是至關重要的，但我們不管和任何個性或職業的人相處，經常**「保持一定且適當的距離」，才是避免「運勢」下滑的秘訣**。換句話說，「與人相處時，能不能巧妙地保持適當距離，與人生的充實程度幾乎成正比」。

中國戰國時代思想家莊子曾說：「君子之交淡如水」，意思是指「君子志同道合，交情看起來像水一樣淡，友情才能恆久不渝」，淡如水的君子之交，正如我說的「保持距離」是一樣的道理。

「保持距離」的道理非常重要，人與人之間的距離，會因情況不同而改變。這聽起來是理所當然的事情，但我們不能完全盲目相信一個人，相反的也不能全面否定、不信任，進而陷入疑神疑鬼的狀態。簡單來說，單純將別人視為「善人」或「惡人」，這樣極端的分類也不可取。

人並不是非黑即白，而是處於色調深淺不同的灰色地帶，一個人趨近於黑白哪一方，會因所處的狀況、時代、年齡或所處環境而產生千變萬化。因此，必須看清自己和對方所處的位置，經常因應各種情況保持距離，從中找出適當的交集才是最重要的事情。

不需多言，各位應該也知道，我們不能露骨地表現出想遠離對方的態度，冷淡且無情的應對，讓對方感到厭惡來保持距離是最糟的做法。想保持一定的距離，更應該笑臉迎人，讓對方看不出自己的意圖。能不能做到這一點，就是大人和小孩的差異，這道理各位應該都明白。

我是一個非常著迷於格鬥技的人，拳擊史上留下名號的選手，或是著名的冠軍，每一位都是「**掌握距離的高手**」。

當然他們擁有優於常人的出拳力道、技巧和速度，但是相同程度的選手也不在少數，要說一般的拳擊手與冠軍之間，決定性的差異何在，就是保持距離的能力。也就是說，能不能經常維持在自己出拳能擊中對手，而對手的拳頭又打不到自己的距離，就是兩者之間的分歧所在。

工作和人生這場戰役中，也可以說是相同的情況。我衷心希望閱讀本書的各位讀者，都能在「與人相處」時，成為一位優秀的拳擊冠軍選手。

請容我求好心切，針對現實中人與人保持距離時，必須牢記在心的事項，我將分成幾個要點講述。

不認清嫉妒的可怕之處，將招來霉運

首先是認清嫉妒的可怕之處，我們必須竭盡全力，經常留意不要遭受別人嫉妒。

關於嫉妒的可怕之處，我本身擁有遠超別人的親身體驗。在我一無所有的年輕時期，嫉妒的情感比別人高出一倍。不僅是針對受惠於天賦及家庭環境而成功的人。就算看到別人只是結交了一個美麗的女朋友，也讓我嫉妒不已。

因為我出身鄉下地方，就讀於滿是富裕家庭出身的慶應大學，身份地位特別格格不入，更導致我嫉妒的情感愈發高漲。我總想著：「啊，那些傢伙真好命！」發自內心羨慕他們，甚至咬牙切齒，心情就像沸騰的茶壺一樣激動。另一方面，嫉妒的情緒也成為我強烈意念的原動力，心想著：「絕對不能輸給這幫人」，這個想法可以說日後將我的人生導向成功之道的主因。

正因為當時嫉妒的心情如此強烈，我也下定決心，在往後的人生中，絕不能遭受別人嫉妒。就算事業有成，我也盡量不乘坐高級車，極力保持低調，不讓別人知道自己的成就。因為我心裡害怕，要是遭受別人強烈的嫉妒，說不定會被擊潰。

處於人生或事業高峰時，有些人會自滿地四處誇耀，可說是最要不得的行為，倘若**不認清嫉妒的可怕之處，將招來霉運**。在這個世上，到處都是想趁虛而入，扯別人後腿的人。一旦我們提及自己的成就，就會使他們的敵意高漲，也將增加為自己招來惡運的原因。因此，靠著「運勢」和努力而功成名就之後，希望各位能夠盡量避免與可能對自己產生嫉妒之心的人接觸。

特別容易引起嫉妒的情況，就是看到別人和自己能力相仿，也不管對方遭遇過什麼樣的處境，才獲得目前的金錢與地位。過去在校表現和自己差不多的同學，一旦獲得巨大的成就後，在得知此事的瞬間，就可能萌生出嫉妒之心。

「真叫人羡慕」就像招來災厄的一句詛咒

嫉妒別人的人，絕對不會輕易說出「真叫人羡慕」這句話，因為說了就等於承認自己的失敗。但是，其實他們心中充滿著「羨慕」，如同巨浪般波濤洶湧地翻騰著。就這一層意義來說，**「真叫人羨慕」就像招來災厄的一句詛咒**。如此可怕的詛咒意念，我們不應該去招惹。

不管怎麼說，一個人倘若志得意滿，且驕傲地高聲疾呼：「我成功了！」我從沒見過這種人的成功能夠長久持續下去。

我再重新說明一次，**要說嫉妒到底是什麼，其實就是希望對方失敗的心情，達到最高境界的狀態**。也就是說，我們沒必要自找麻煩，去招惹這種宛如不祥詛咒的怨氣，因為那麼做只會提高自己遭遇不幸的機率。

我從來不「討吉利」

話說回來，運動選手或棋士等，經常與輸贏相伴的人們，通常都很重視討吉利的儀式感。經營者也是一樣，某位無人不曉的知名經營者，在重要場合都會堅持襯衫或領帶的顏色，在宴席中也會注意菜色是否吉利，這樣的例子可以說是時有耳聞。他們會這麼做，應該是希望「盡可能讓運氣變好」，或是「不想斬斷當前的好『運勢』」。

而我對於這些討吉利的做法，一概置之不理，像是姓名學、風水學、四柱推命學、手相等，**我從來不「討吉利」**。

實際上，到目前為止，唐吉訶德經常在「佛滅日」開幕，二〇一七年開幕在新加坡的亞洲第一家門市「DON DON DONKI」，現在還是超興旺的一家店，據傳該門市所在地，是當地風水最差的位置。

倘若討吉利如此簡單的方法就能提升「運勢」的話，那麼任何人都不用辛苦勞動。或許討吉利能夠整理自己的心情，但說到底也就僅止於此，我認為真正的意義與開運沒有任何關係。

另外，我也不在意迷信或吉凶之兆，為了這些虛無縹緲的事忙得東奔西走，反而是降低「運勢」的主因。擁有強大的意志去拒絕沒有科學根據的事物才能迎接好運，這是我用親身體驗印證的論點。

否極泰來

一九九七年，「唐吉訶德新宿店」在東京新宿職業介紹所那條街開幕，正好用來說明本節的主題。職業介紹所那條街治安較差，到現在還是日本最大的在日韓籍人士居住的商業區，那裡經濟活動繁盛，但公司最初進駐的時候，還是個「有點可怕的地區」，以當時流通業界的常識來看，無論哪一家公司在那條街開店，都會慘遭滑鐵盧。唐吉訶德公司內部也認為「開設新宿店風險巨大」，因而堅決的反對。

然而，唐吉訶德新宿店不僅營業到深夜，而且一到晚上就燈火通明，陸陸續續吸引許多餐館店家在此營業，唐吉訶德正是這一波開店潮的引爆點。如此一來，職業介紹所一條街，如今已轉型成日夜都熱鬧不絕的商業區，新宿店也長期成為公司代表性的聚寶盆。

其他還有二〇一五年開設的「ＭＥＧＡ唐吉訶德新世界店」，座落於大阪新今宮地區，該地區又稱為「愛鄰地區」，儘管治安不是很好，但該門市仍舊頗受當地歡迎。順帶一提，二〇二二年四月，星野渡假村集團剛好在MEGA唐吉訶德新世界店附近開設了「OMO7」旅館。

當其他企業還在猶豫是否進駐時，唐吉訶德就搶先以低成本設立門市，並順利發展為一家生意興隆的門市，為公司成功經驗再添一筆。

有句成語是「**否極泰來**」，意思是說任何事情，到了一定程度就會逆勢發展，也就是說大凶之後就會趨近大吉。唯有飽經歷練，能夠感受「運勢」流向的人，才知道培養觀察力，比討吉利來得有用許多。

「獨裁」絕對會降低「運勢」

本章最後簡單討論一個我最為忌憚且厭惡的話題，並且告訴自己絕對要引以為戒，那就是「獨裁」式的經營。順帶一提，獨裁不僅屬於「個運」範疇，更是影響「集團運」的概念，第七章將會說明詳情。

從結論說起，獨裁絕對會降低「運勢」。不論是國家或企業，任何組織都適用這一點，就連獨裁者本人的「個運」也會墜入谷底。

用國家來說明比較好懂，單看南北韓之間的國力差距就知道。兩國都由同一個民族組成，實行共產主義完全獨裁的北韓，否定獨裁、施行民主主義的南韓，兩國人民誰更富裕且幸福，答案一目了然。

企業也是一樣，不管是創業社長或外聘社長，只要實行獨裁體制，企圖在自己的位置上享福，該公司勢必走向滅亡，就連企業內的員工和從業人員也會遭遇不幸，企業不同於國家之處，在於企業更容易倒閉。在此我就不一一列舉，因為光是流通業界，因獨裁經營而破產的公司就不勝枚舉。

利用恐懼來支配公司的獨裁式經營，是最平庸且安逸的管理方法，但是此舉會一口氣削弱每一位從業人員的熱情。因此必須屏棄獨裁經營，改採完全相反的經營方式。

在第七章會詳述，我將我的管理方式稱之為「無私的境界」，與獨裁式經營截然不同，透過我的管理方式可以讓業績一飛衝天。因為我將員工帶入熱情的漩渦內，每個人便會自動自發，創造出最強的「集團運組織」。

我將這種狀態，稱之為存在於主人翁精神之下的民主主義式經營。

公司奉行的宗旨是「不管是誰當上社長，上位瞬間就要屏棄自我，徹底實行無私的經營」，這是我一再嚴格闡述的規定。**「獨裁」絕對會降低「運勢」**，社長倘若採用獨裁體制，恣意妄為地享受經營者的福利，公司將會一舉倒閉，最終煙消雲散。

第四章重點

- 與別人的關係，將大幅影響自己的「運勢」。
- 「他罰型」性格的人不能推敲對方心情，因而造成「運勢」下滑。
- 到頭來人與人終究無法相互理解，想看清一個人，需要「讓時間來證明」。
- 避免成為別人攻擊的對象，目標是成為「掌握距離的高手」。

安田講座②　**浪費與累積信用**

經營者成功與失敗的分歧點

對經營者而言，創業初期是經營者最先遭遇的痛苦時期。即使順利度過，還要訂定下一步的發展目標。為了讓公司永續發展，到底應該怎麼做才好？讓我們從這個觀點出發，思考一名經營者成功與失敗的分歧點。

我初次成為經營者是在三十歲到四十歲之間。觀察數位經營者之後，有些人讓我覺得「這個人絕對是一部負面教材」。這些人都非常有能力，而且天生頭腦特別好，並擁有十分堅韌的意志與控制力，從早到晚拚命辛勤工作。而且他們幾乎都極具個人魅力，談話生動有趣，十分惹人喜歡。因此，這些人作為創業經營者可說是相當成功，能夠爬到一定的地位。

然而，當他們想更上一層樓的時候，卻飽受挫折。公司倒閉之後，靠著與生俱來的韌性想要東山再起，但即使再次獲得一定的成就，沒多久又會慘遭潰敗。同樣的情況一再重覆發生，經過多次嘗試後，本人也逐漸老去、無力再起，最後無聲無息消失在業界。這些最終慘遭失敗的經營者，比我遇到的成功者還要多上數倍。

另一方面，有些經營者從一而終，不減創業初期的衝勁，成功讓公司順利壯大發展。這些最後獲得成功的經營者並非具有特別的能力或韌性，就我的印象來看，他們的性格大多都是得過且過。

究竟，最終慘遭失敗的經營者和最後獲得成功的經營者，兩者之間的差距到底是如何產生的呢？

該拾取眼前的利益或累積下來的信用

剛才那個問題的答案，就是前者「浪費信用」，而後者「累積信用」。

也就是說，前者頭腦好、反應快，各方面都很努力，也懂得創造人脈。然而，達到一定的地位後，他們就會開始利欲薰心，只看得見眼前的利益，忘掉自己曾接受別人的恩惠，變得只知道追求眼前的利益。或許這麼做一時之間能夠提升業績，但是犧牲掉的則是累積下來的信用。

而且更糟糕的是，這些人並沒發現，自己的行為正在貶低自己的信用，這也可以說是無法做到「換位思考」的典型範例。而且他們還不會記取教訓，一直重蹈覆轍。

相較於後者，他們總是做些「吃虧就是占便宜」的事情，不會被眼前的蠅頭小利蒙蔽雙眼，而且經常結交商業夥伴，迅速累積信用。在經過中長期的努力下，獲得碩大的成果以及壓倒性的勝利。

上面所說的，不會出現在經濟學或經營學的教科書裡，甚至是任何商務書籍都沒有提到。唯一膽敢明確指出這些內容的書籍就只有《源流》，我相當引以為傲。

累積與顧客之間的信用，自然就會得到真正的利益。相反的，如果只為眼前利益奔走，反而會失去信用，最初就該捨棄那點蠅頭小利。所以，各位不需迷惘，失去方向的時候，只要踏踏實實地埋頭專注在生意上就好。

節錄《源流》〈經營理念〉第一條解說

第五章

最重要的關鍵字是「換位思考」

站在對方的立場思考、行動

「換位思考」是我的成功哲學中最重要的關鍵字。我靠著「換位思考」，開啟人生和事業中「運勢」的康莊大道，並享受著豐碩的成果。

到底什麼是「換位思考」？我在人生、事業、經營遇到的瓶頸時，有過幾次恍然大悟的經驗，每一次都讓我為了轉換想法而改變自己。其中最大的收獲，就是讓我了解到，必須**「站在對方的立場思考、行動」**，這就是「換位思考」。

請各位不要覺得：「什麼嘛，這不是理所當然的事情嗎？」

任何人在工作中，多少都會遇到碰壁的時候，總會探究無法突破瓶頸的原因，進而試著找出對策，但總是無法順利解決。即便經過各種嘗試，還是一無所獲。

這是為什麼呢？我們原本以為已經改變做法，但其實「本質」卻沒有任何改變。

試著從產生問題的原因來思考

面對問題時必須試著改變立足點，這個立足點就是立場。簡單來說，**不要一味尋找解決問題的方法，要試著從產生問題的原因來思考**。不要站在自己的立場來思考，而是試著換成對方的立場來思考。你會突然覺得問題迎刃而解，就我的經驗來看，此時毫無意外會迎來「運勢」。

在商場上，如果事業無法順利發展，處境變得愈來愈惡化，一般人若想到對策，情況自然不會愈來愈糟。不過，大多數的情況是找不到原因而陷入絕境。因此，經營者若不屏除私欲和自我，就吸引不到優秀的人才，也無法獲得客戶的支持。此時就必須認真看待客戶或客人，亦即站在「對方的立場」來思考，就能看出事業或買賣的缺陷。

在工作和事業上，也不能老是站在「自己的立場」來思考，而是試著換成「對方的立場」來思考。因此，「換位思考」是我最重要的開運密碼。

要做到換位思考實屬不易，何況這個習慣難以養成。除了天生的好人，或者凡事都能達觀以待的人，幾乎所有人都會覺得世界是圍繞著自己在轉，常常**被「自己的立場」蒙蔽了雙眼**。

我因為經歷了如絕境般的商戰，一路設法突破各種局面，培養出強烈的信念與意志，放下了原本的主觀意識。

將「換位思考」視為解決問題的契機

我在「小偷市場」和開設唐吉訶德的初期階段所發現的員工問題，讓我意識到「換位思考」的重要性，**將「換位思考」視為解決問題的契機**。

年輕時我總是想著「真想快點變成有錢人」、「希望事業有成並獲得別人認可」，這些想法一直縈繞在我的腦海中。面對員工時，我就會說：「各位要加油，只要做出成果，薪水就能水漲船高」，自己心裡想賺大錢的企圖，早就被看得一清二楚，最終也無法順利推動公司發展。

日復一日，我不時為了員工的問題而煩惱，比如有位值得信賴的員工某天突然離職，之後經過調查，才發現他在公司裡做了許多不法行為，或是跳槽到競爭對手的門市，像這樣的事情層出不窮。

這就是沒有做到「換位思考」而導致失敗的惡例，一心只想著「利用員工來達成自己的夢想」，不但找不到好人才，人才也會離你而去。

我於是開始反省自己的心態，屏除所有個人欲望，站在員工的立場來制定經營決策。我拚命思考「怎麼做才能讓員工得到幸福？」，並且適時給予員工在工作上的建議。過沒多久，我的事業就逐漸步上軌道。

「公正無私」的買賣會帶來鴻運

另外，我也發現「換位思考」有其他優勢。

剛開始做生意的時候，我只站在賣方的角度思考問題。結果，商品賣不動且還賺不到錢，把我推入惡性循環的深淵。

在一場脫口秀中，愈是蹩腳的搞笑藝人，想逗觀眾笑的意圖愈是明顯，結果卻變得無法順利搞笑，最後讓場子愈來愈冷。相同的道理，愈是想把商品賣出去，愈是會讓顧客感到壓力，結果導致他們不敢再上門消費。

遇到這種情況，我也是束手無策。我試想「為什麼商品總是賣不出去？」、「該怎麼做才能讓顧客買單？」從中找出克服瓶頸的方法，終於讓我看見一絲曙光，那就是**「店家單方面的意圖，顧客一眼就能看穿」**。

「反正客人也不知道原價，趁這個時候大賺一筆」、「稍微誇大商品的功效」這種粗淺的生意手法，肯定會被顧客看破。即使短時間可以賺到錢，但是顧客的眼睛是雪亮的，肯定會得到血淋淋的教訓。

因此，賣場裡若散發出不軌意圖，或是投機取巧的氛圍，肯定會籠罩整間門市，最後必定會被顧客所察覺。

「公正無私」的買賣會帶來鴻運，理解這個道理之後，我決定選擇「公正無私」的方式做生意，明白唐吉訶德所要追求的「不是金錢（業績和利益）而是聲望（顧客的支持）」。

在我決定這麼做的瞬間，業績和利益便開始顯著成長。事實證明，公正無私做生意，才能讓顧客回流帶來商機。我不希望在「經商之道」上有太多著墨，只是想告訴各位，**身處現代的商場，正直才是最有效率，最能帶來鴻運的不二法門**。

顧客至上主義

《源流》一再強調PPIH集團的企業理念是標榜「**顧客至上主義**」。貫徹「顧客至上主義」，就是「透過顧客的角度去思考企業經營」，基本上與「換位思考」是同樣的概念。

就像商人腦子裡經常都會想著「商品熱賣」、「大發利市」，**如果一家店只想著「客人貢獻業績，讓我大賺一筆」，那就不會有任何一位顧客願意進去消費**。

所以，就要站在顧客這一邊，讓他們覺得：「這家店真有意思、真是划算」，這就是公司的基本態度。「換位思考」的目標就是實現為顧客著想的理念。

我創業的第一家店是「小偷市場」，最初經歷重重磨難，直到採取「顧客至上主義」這個理念，業績就有了明顯的改善。「小偷市場」內主要的商品都是一些非原廠貨與報廢品，這種商店有一個缺點，就算某項商品熱銷，也沒有辦法追加進貨。因此只能經常去尋找看似好賣的商品，不斷引進新貨來填補貨架。

我隨時都在用心觀察，**包括顧客的任何一個小動作，以及他們心裡可能的想法，藉此發掘他們潛在的需求，為了讓我的門市和商品得到顧客的喜歡，我也同時費盡苦心設定價格**。

「壓縮式陳列」與「POP洪流」

「小偷市場」除了門市之外，我還租了一間倉庫，除此以外再也沒有餘裕聘雇員工。每次進貨商品的紙箱陸續寄達時，只有我一個人把商品連同紙箱，塞進十八坪的狹小店面裡。所有的貨架都被擠得滿滿的，連貨架頂部也堆滿紙箱，幾乎快碰到天花板。店內通道也被商品和紙箱占據，整個賣場宛如一座會讓人迷路的叢林。

而且，紙箱就直接放上貨架，所以顧客不知道架上有什麼商品，因此我用手寫的POP海報標注商品，貼滿了所有的貨架。**「壓縮式陳列」和「POP洪流」**成為現今唐吉訶德最著名的商店特色。

不可思議的是，當我採取「壓縮式陳列」的方式後，竟然大受顧客喜愛。他們像是尋寶一般，帶著期待的心情，仔細地翻找每個箱子。這就是站在顧客的立場，實行「換位思考」式思考的一個成功案例。

發現「夜間商機」

另外，經營「小偷市場」這家店的時候，我就開始把營業時間延長到深夜，讓我意外發現「夜間商機」。

每天營業時間結束後，我會一個人在門市前面做準備工作。因為整家店都是我一手包辦，商品分類和貼價格標籤這些事只能在晚上做。在四周一片漆黑的深夜裡，明亮的招牌底下，只見一位年輕男子正逐一地給商品貼上價格標籤，那幅景象看起來十分詭異。

然而，在我工作的同時，有人經過時就會問：「你在做什麼？」、「這家店還在營業嗎？」我不願放棄任何出售商品的機會，就會請他們進入店內消費；這些深夜來店裡的客人，大多都已酒過三巡，就連有些商品在我進貨時都懷疑「這種東西賣得掉嗎？」，他們反而會覺得有趣而購買。

有些看起來頗不正經的ＰＯＰ海報寫著「可能寫不出字的原子筆，一枝只要十元！」等，也大受歡迎。

「夜裡的顧客，和白天精挑細選的主婦完全不同。」

發現這一點之後，我便把營業時間拉長到夜晚十二點。

說起來，一個人獨自經營一家營業到深夜的店，辛苦程度比其他商店高出許多。由此也可看出，當時我真的是不顧死活地在工作。

不清楚、不好拿、不好買

不管怎麼說，商品塞滿整個貨架的「壓縮式陳列」，會讓客人心想：「這是在搞什麼？」反而覺得有趣，偶然間開始營業到深夜，也讓客人開心這些連續的發現，讓我想出許多超越其他零售同業的妙技。

用流通業界的常識來看「小偷市場」，簡直是一家「禁招頻出的百貨店」。流通業的教科書都會提到，「陳列清楚、方便拿取、容易購買」是零售店的鐵則，但我的店反其道而行，實施「**不清楚、不好拿、不好買**」的策略。

即使我不按牌理出牌，但「小偷市場」生意仍舊非常好，若要說是為什麼，主要原因還是我一以貫之，從來沒忘記站在顧客立場來思考。

零售業界裡，一般世人認為的常識、道理和既有的規矩，其實都沒什麼效果，有時甚至還會造成損失。真正應該把握的，是擁有敏銳的觀察力，能夠瞬間抓住顧客心裡的想法和欲望。這些事情，都是我從「小偷市場」學到的經驗。

對於「壓縮式陳列」和「深夜營業」這些策略，人們常說是「逆勢而為」的成功，但是我覺得自己還是遵循「順勢而為」的原則在經營，只是我耿直地堅持

「換位思考」而已，在別人眼中這麼做可能看起來像是「逆勢而為」吧！

為什麼唐吉訶德能夠「所向披靡」？

不過，到目前為止講述換位思考的重要性，還是僅限於與顧客之間的關係。在商場上，與其他商店競爭時，也適用這個原則。

跳脫自己門市，改為站在對手門市的立場，去思考最頭痛的情況，也就是**徹底深思熟慮，找出對方覺得「如果競爭對手這麼做，我們肯定贏不了」的策略**。在這樣的情況換位思考，與競爭對手進行商業對戰時，提出對策的精確程度將有飛躍性的提升。

無論如何，唐吉訶德是一家綜合型折扣商品店，各種範疇形形色色的商品，都以低廉的價格販賣，很容易成為其他店家「憎恨的對象」。不管在哪裡開店，該地區的所有商店都會聯合起來，拼盡全力與唐吉訶德一決勝負。

雖然面對這樣的攻勢，全日本各商圈及地區，唐吉訶德總是所向披靡。為什麼唐吉訶德能夠「所向披靡」？就是我們會站在競爭對手的立場，深入思考來找出「希望唐吉訶德不要這麼做」的事情是什麼。這麼做的結果反映在價格設定、促銷活動和販售方式，藉由換位思考徹底迎戰的戰術，已深深刻入唐吉訶德的基因中。

或者說，主管對員工的關係，也適用這個原則。

主管如果不換位思考，只想著：「該怎麼使喚員工，讓他們能夠認真工作？」這種「從上而下的視角」，將導致無人願意追隨。主管必須站在員工的立場，竭盡所能去思考「希望主管怎麼對待我，工作起來才會更有幹勁」。這個方法是提升「集團運」最基本的條件，詳情將於第六章和第七章說明。

不能換位思考症候群

上一章我說過，具有他罰型傾向的人會造成「運勢」下滑。而他罰型性格的人，正好都患有「**不能換位思考症候群**」。

他罰型的人連自己都不了解，簡單來說就是無法客觀正視自己，更遑論要他們去考慮別人的心情。

接下來講的是有關人生及生活方式的話題，**要說大人與小孩有什麼差別，我覺得換句話說就是能不能換位思考來思考**。

年紀尚小的幼兒或小孩，理所當然光是顧好自己就已經費盡全力。儘管他們任性地說：「我討厭這個」、「我不想做那件事」，因為可愛所以能夠為所欲為（隨著年齡增長，這樣的表現會愈來愈惹人厭）。

正因如此，青春期產生的苦惱，來自於他們正面對人生的「里程碑」，必須從只會考慮到自己的孩童時期，成長為能夠換位思考的大人。

說得更深入一些，**在執著於自身和換位思考之間搖擺不定的情緒糾葛，正是青春期苦惱的本質**，這是我個人的見解。若能跨越這份苦惱，就能成長為成熟的大人，要是做不到的話，幼稚的想法將永遠留在腦海，馬齒徒增成為一個他罰型的人。

麻將的最高奧義也能換位思考！

麻將的初學者總想著胡牌，因此眼中只看得見自己手裡的牌。但是到了中級或上級的階段，比起自己握有的牌，會更加重視觀察對手的牌型，試圖推敲對手處於什麼樣的狀況，腦海裡在想什麼。簡而言之，換位思考的技巧愈是高明，麻將的水準也就愈高段。

具體而言，麻將的必勝法，就是不放過對手細微的表情、視線和小動作，徹底解讀其心理狀態，這是我在實戰中，賭上性命習得的精髓。對於我的人生、事業和經營而言，每個慘痛的教訓都是一次訓練，所以**麻將的最高奧義也能換位思考！**

在此順帶一提，第二章詳述的麻將，正是講求「幸運最大化」與「不幸最小化」的典型博弈。

用短期（聽天由命）的觀點來看麻將，「運勢」影響是取得「壓倒性勝利」的強大因素。不管是上級者或初學者，只打兩回半莊**6**，幾乎都是靠著當下的「運勢」來決定輸贏，這一點和圍棋和象棋完全不同，棋類競技的輸贏僅取決於實力上的程度差異。

但是，打過愈多局麻將，實力程度較高的人，勝率也會愈來愈高，因為第一章提及的「大數法則」就會發揮作用。

單看短期的成果，都是「運勢」決定勝敗，但拉到中長期來看，勝敗便取決於實力差異。只打一兩回半莊麻將，完全無法看出對方真正的實力，這樣的現象十分複雜且有趣，但人生與事業也能適用相同道理，我認為麻將這項博弈，其魅力與精髓正體現於此。

善用「換位思考」和「後設認知」

至此我已經詳細說明「換位思考」的作用，接下來我想再加上一點，就是「後設認知」這項因素。

能掌握幸運獲得成果的人，對機會和危機都十分敏感，而且不僅能觀察到眼前的事態，就連潛在的機會與危機也都特別敏感。為什麼他們擁有如此強大的觀察力？我認為是因為他們能夠**善用「換位思考」和「後設認知」**。簡單來說，**若能同時靈活運用這兩項能力，就能看出多數人無法察覺的機會與危機**。

「後設認知」這個詞彙是腦科學範疇的用語，最近在商務和教育場合引起關注，相信許多讀者也都略有耳聞。一般來說，這個詞彙的意思是指，能夠客觀認識自身的能力，據說後設認知能力較高的人，工作和學業表現優異，在社會上較能獲得成功。

但是我對「後設認知」的解釋更為廣泛，為此我發明了「鳥眼、蟲目」這兩個詞。「鳥眼」是從宏觀的視角來俯瞰，而「蟲目」則是靠近（或進入其中）目標物，用微觀的視角仔細觀察。這兩種「不同觀點」，能讓看見的事物會更加立體。

我經常利用「鳥眼、蟲目」，在生活和工作之中尋找商機，實際上也藉此發展

---

6 編註：日本麻將的最小遊戲長度單位為一局。每四局構成一場，每場會以「東南西北」的順序命名。每四場構成一莊，日本麻將常常以半莊為單位進行，一個半莊有東場和南場兩部分，共包括八局。

過不少事業。我會前往某地生活一陣子，仔細觀察風土民情，退一步以宏觀的視角俯瞰，生意上的潛在機會便會因此浮現。

二〇一五年我開始以新加坡作為生活據點，二〇一七年開設海外門市「DON DON DONKI」。帛琉是我經常去潛水的據點，二〇二四年秋天，我在那裡開設一家個人投資的飯店。過去員工研修旅遊曾經去過沖繩宮古島，二〇一六年開設了離島型門市「唐吉訶德宮古島店」，同是員工研修地的關島，也在二〇二四年四月開設了世界最大的唐吉訶德購物中心「DON DON DONKI VILLAGE OF DONKI」。

「運」的分界點

上述事業當中，活用「後設認知」和「換位思考」，開設關島門市是一個淺顯易懂的案例。

誠如上述，關島是公司員工研修旅遊的地點，我自己也頻繁前往。在當地生活過後，我心想：「在這裡開店應該可以發展得不錯」，就這樣看見商機，並開始為新門市選址。接著我鳥瞰關島的商圈環境，同時也發現了潛在的危機。我選擇的開店地點，距離機場很近，當地人都說那裡很容易塞車，因此一開始我就預想到，「在這裡開店應該會遇到很多問題」。

此時「換位思考」便派上用場。

雖然鋪設幾條連外道路就能解決塞車問題，但是連外道路多起來後，關島居民就會大量湧入，整間店應該會很擁擠，那就要再想辦法解決。我就這樣預先思考當地居民的行動，一邊推動門市開設工作。

我經常會提到「事前準備」（詳情請見安田講座③）這個詞，其中也包括事先排除風險。

我曾多次靠著察覺機會與危機的敏銳感知能力，推導出大家無法想像的方法。能夠做到這一點，全都仰賴「後設認知」與「換位思考」作為根基，有沒有敏銳的感知能力就形成了「**『運』的分界點**」。

模糊的容忍

最後我想講述「**模糊的容忍**」有多重要。

腦科學者中野信子女士，在其著作《腦中黑闇》中，一語道破：「容忍模糊，從腦科學領域來看是一件好事」，並強調「倘若無法容忍模糊，思考就會偏頗」，讓我讀了之後大為佩服。「模糊的容忍」，真是妙不可言。

基本上，人們都討厭模糊的狀態，就算不是那麼討厭，也會對此「感到不舒服」。遇到問題能夠簡單明瞭找出答案，絕對是一件爽快又愉悅的事情。也就是說，**找到「答案」就會讓人覺得興奮**。但是，輕易就能找到的「答案」，未必就是正確答案，更有可能反而導致錯誤的結果，現實中這樣的情況占壓倒性的多數。

反過來說，我們不應該盲目地追求「答案」，而是要用真誠的態度去探索，努力克服瓶頸，才能找到真正的答案。

所以，我們就應該容忍模糊所帶來的不適感，保持真誠的態度沉著應對。我認為這種**容忍模糊的真誠態度，正是提升「運勢」的奧妙邏輯**。

順帶一提，所謂的「高材生」常常在一個充滿「正確和錯誤」的環境中接受訓練，認為世間萬事都有不變的答案，而且對此深信不疑。因此，他們會頑固地堅持過去所獲得的答案，認為「一定要這麼做」、「不這麼做不行」，傾注精力去維護無謂的堅持，為此疲於奔命，最終卻導致錯誤的結果，使得「運勢」顯著下滑，最後慘遭失敗。

總而言之，我從來就不會過度堅持一種答案，因為現實世界的正解，會隨著時代或當時狀況而有所變化，也就是說答案本身就有變幻莫測的形態。

又像上一章提及的獨裁政治或共產主義國家，在那樣的環境中，經常只能追求非黑即白的「答案」。也就是說，他們所追求的答案僅僅是處在事物的兩個極端之處。因此，他們無法容許既不是黑也不白的灰色地帶，儘管灰色地帶才是現實世界的常態，所以那樣的國家「運勢」必然下滑。結果，看起來充滿模糊空間的民主主義，或許不能說是完全正確，但至少是比較好的一種制度。

第五章重點

- 「換位思考」就是「站在對方的立場思考、行動」。
- 經營者若不屏除私欲和自我，就吸引不到優秀的人才，也無法獲得客戶的支持。
- 貫徹「顧客至上主義」，就是「透過顧客的角度去思考企業經營」
- 我們不應該盲目地追求「答案」，而是要用真誠的態度去探索，努力克服瓶頸，才能找到真正的答案。

安田講座③ 假設必定出錯

本書到目前為止，從各種角度講述「個體」追求鴻運的實踐方法，以及反而會招來霉運的行為。

下一章開始不再討論「個運」，而是探究加強「集團運」的方法，內容大致會是我如何運用自己獨特的思想和方法，經營管理企業的理論，但誠如「前言」提及，倘若「個運」不好，那麼「集團運」也不可能變好。因此，現在我們做個總整理，以提升「個運」作為前提，「假設必定出錯」又代表什麼意思呢？

熱情與單純的專情兩者似是而非

看到標題，各位讀者或許會驚訝地認為：「咦？這不是和之前的主張完全相反嗎？」因為我先前不斷重覆說過，先建立自己的假設，不畏懼失敗、勇敢面對挑戰，這樣的態度才能招來「運勢」。第二章詳述過的「再戰抵萬寶」、第三章提及的「速攻堅守」和「斷行熟慮」，都在重覆講述這個概念。

但除了上述的觀點，我也說過在建立假設時，絕對要以「驗證」作為配套措施，「假設與驗證」的重要性，在第一章和第五章也都講述過了。

我想說的是，**假設畢竟是由「主觀」意識形成，缺乏「客觀」事實的驗證，最後導致失敗的案例，在現實世界裡非常之多**。倘若對於最初建立的假設過於專情，之後發現與事實相悖，也無法客觀檢視並發現問題，只顧著一味向前衝，最終落入無法東山再起的失敗境地，這樣的經營者或創業者，我看過非常多。

假設終究只是假設，不實際執行不會知道結果，發現假設出錯時，必須謙虛地直視事實，即時且柔軟地因應變化進行修正。重覆上述行動並提升建立假設的精準度，正是招來「運勢」的鐵則。為了能做到這點，時刻將「假設必定出錯」這件事放在心裡，以此作為前提來處理事情，才是恰到好處的態度。第五章提到「鳥眼與蟲目」，利用不同觀點的思考模式，也能發揮最大的效果。

確實，建立假設和執行都必須要有充分的熱情，但是絕對不能摻入不必要的專情。我自己的看法是將熱情和單純的專情，當作似是而非的兩種態度。再重覆一次，若想成功，建立假設是不可或缺的過程，但是必須以「假設必定出錯」作為大前提。這一點是幸運與不幸決定性的分界點，本節最後我還是要再度強調。

「事後補救」不如做好「事前準備」

「事前準備」可以說是「假設必定出錯」的延伸，也是第五章出現過的「事前準備」。所謂事前準備，是一種優秀的風險管理概念。相較於「事後補救」，也就是「事後才來解決問題」，大多數情況下，其實幾乎都能透過事前準備來防患於未然，所以「事前準備」可以說是一個能帶來幸運的秘密武器。

就我的經驗來說，**推動業務時，如果最後陷入不利的狀態，通常早在事前出現一些徵兆。只要不忽略這些危險訊號，妥當做好「事前準備」，也就不會需要事後手忙腳亂地補救**。

總而言之，「事前準備」能透過最小的努力和最低的風險，獲得最大的效果與成就。實際上，讀者各位是否也經歷過這樣的情境：回想起當時若能注意到並及時改進，現在就不會後悔莫及？

當然「事前準備」不僅適用於防範不利狀況的發生，在推廣新企劃或商業模式的時候，也能發揮極大的作用。設身處地替客戶著想，經常去思考該怎麼做，換言之，基於顧客心理所做的「事前準備」，往往能決定該店家或個人的業績高低，這麼說也不算言之過甚。

擅長事前準備的人，對業務的多面性及潛在風險具有高度的敏銳度。他們絕非單純的膽小或過度憂慮，而是具備了掌握趨勢及處理細節的能力。

事前準備與臨機應變的關係

那麼，事前準備與臨機應變兩者之間有什麼關係呢？比方說天空看似快要下雨就事先帶把雨傘出門，這就是事前準備；遇到傾盆大雨時，迅速躲到避雨處採取更加有效的行動，這就是臨機應變。

基本上，臨機應變是指事前無法進行精準預測，在看到結果後能靈活且迅速應對，臨機應變講求的是快、狠、準。

相對而言，事前準備則是在棘手的問題浮上檯面之前，就已經妥善採取措施和對策的防守性行為。

「強力的攻擊源自於堅固的防禦」，打從過去我的這個論點就沒有改變過。將事前準備這種防禦力量及臨機應變的攻擊力量結合起來，便能所向披靡、百戰百勝，迎來前所未有的繁榮盛運。

第六章

「集團運」像一組飛輪

通貨緊縮中逆勢而為，創造「一個人的通貨膨脹」

一九八九年，我創立第一家唐吉訶德（東京府中店）。之後，唐吉訶德日益壯大直至最佳狀態，展現出令人刮目相看的高速成長。連續三十四年營收和獲利持續成長，接下來第三十五年的營收和獲利也篤定能夠增長。

唐吉訶德的成長比例也相當驚人，這三十多年間營業額成長二千倍，營業利潤更是提升高達二萬六千倍，以一九九〇年到二〇二三年之間的營業成長來看，營業額從四百萬元提升至一千零五十二億元。而且二〇二四年的全年營業額確定能夠突破二兆元。

在此期間，日本進入「失落的三十年」，誠如諸位所知，這三十年是日本經歷史前未有的通貨緊縮，足以特別記載於世界經濟史上。然而，PPIH在經濟緊縮的蕭條環境中逆勢而為，在綜合零售商業模式中，可以說是一人獨占鰲頭，上演了一齣「一個人的通貨膨脹」的戲碼。

如表二所示，公司在日本泡沫經濟達到巔峰的一九八九年之後，股價已經上

表二 1989年末以後股價大幅大漲的主要企業

1	全勝控股	236倍
2	雷泰光電	171倍
3	LINE雅虎	116倍
4	迅銷公司	112倍
5	太平洋國際控股（PPIH）	78倍
6	宜得利控股	76倍
7	CyberAgent	59倍
8	基因士公司	58倍
9	諧波驅動系統	57倍
10	迪思科	53倍

出處：《日本經濟新聞》2024年2月23日（出處為QUICK。排名對象排除TOKYO RPO Market，為日本市場目前上漲的企業。1990年之後掛牌的企業以上市年末股價為基準。包含店頭市場股價。截至2024年2月21日）

漲七十八倍，業績可謂出類拔群。股價大幅上漲獲得的殊榮，便是在日本股價排行中，次於迅銷公司排名第五。順帶一提，表二當中股價上漲排名企業，以第四章提到的高效率「創業經營者企業」占壓倒性的多數。

究竟，「一個人的通貨膨脹」到底發生什麼狀況？

光是看數字即可發現，公司一直處於成長狀態，但其實內部連續發生許多危機。身為創辦人的我，曾親自體驗那段艱難的時期，可以這麼說，這三十四年來，公司經歷的一切，猶如雲霄飛車一般，反覆地急上急下。

第二章提到的居民抵制運動是代表性的難關，與其類似的企業存亡經營危機，也不只一兩次。即使如此，公司仍舊沒有放緩挑戰的步伐，二〇〇〇年之後，開始挑戰經營各種商業模式，開設了都市型便利超商「情熱空間」，併購長崎屋和DIY家居中心等，之後還正式進軍海外市場。

總之，公司這三十四年來，一直持續參與在相當高風險的競爭中。將經營企業比喻為猜拳或許有些勉強，但一般來說，猜拳想連續贏三十四次也是非比尋常的事情。然而從公司的業績來看，等於三十四次連戰連勝，長期享受繁榮的成果。到底公司優異表現的背景因素或者是成功特質，究竟是什麼呢？

說實在的我也不知道，但就算是不知道，我還是在過程中確認了一件事情，那就是**公司擁有出眾的「集團運」，當然這不是上天平白贈與的禮物，而是靠著自身努力來獲得，我也為此感到自負**。順帶一提，各位讀者應該沒聽過「集團運」這個詞，查字典也找不到，因為這是我針對「運勢」，經歷絞盡腦汁的過程，創造出來的新詞。

「捲入熱情漩渦的力量」是什麼？

創業初期的唐吉訶德一無所有，為什麼能夠從零開始爬上現今的地位呢？當然，唐吉訶德並沒有拿到什麼特殊專利，也沒有獨家商品，或者高學歷又有高度專業的人才。

雖然沒有任何特別的過人之處，而且創業時間也比較晚，但是仍舊凌駕於其他流通零售業者之上，之後還以壓倒性的差距，一直戰勝到現在，**全都是因為我們擁有「集團運」這組飛輪**。

飛輪是一種裝在輪軸上的沉重輪子，利用慣性讓旋轉速度平均，或儲存旋轉動能。因此，可以帶動其他車輪，讓旋轉速度變快。飛輪一旦開始轉動，就能維持長時間自轉。

「小偷市場」和「唐吉訶德」，只是我一個人挑戰的起點，也就是本書前半部說明的「個運」，經過一再琢磨，讓我個人事業壯大成長達到的成就。

然而，門市繁榮進而擴大規模，我一個人的「運勢」就難以影響到整家公司。此時，就必須將我的「個運」，逐一帶到每一位員工身上。

就算經營者再怎麼燃燒熱情，持續以「進攻」和「挑戰」的步調去經營企業，倘若員工沒有跟上我的腳步，組織的成長很快就會遇上瓶頸。

若能讓自己擁有的熱情感動員工，創造出每個人都高聲吶喊，埋首於工作中的狀況，就等於是讓組織的「運勢」飛輪開始轉動，我將其稱為「捲入熱情漩渦的力量」。

總而言之，藉由這股「捲入熱情漩渦的力量」，我將自己身上的「運勢」，順利帶到在店裡工作的人。「個運」轉化成「集團運」的化學反應，產生一股上升氣旋。

從零開始成長至二兆元的奇蹟，僅憑我的個人的「運勢」和能力，絕對無法達成。當然「個運」也不是絲毫沒有任何作用，但重視「集團運」的心態，正是成就現今ＰＰＩＨ的主因。

暫時性的「集團運」與中長期的「集團運」

接下來，針對「集團運」的意義，我會用稍微容易想像的形式，以及自身的想法來補充說明。「集團運」容易發揮作用的典型範例，就像棒球這種團體運動賽事。

每年夏天全國各地舉辦的高中棒球聯賽（甲子園大賽），有些隊伍實力不是最頂尖，只能算得上程度平庸，卻在眾人還摸不著頭緒的時候，一路獲勝稱霸地區選拔賽，大爆冷門取得甲子園出賽權，這樣的例子屢見不鮮。

人們大都會覺得「該隊伍走運了」，用曖昧不清的表達方式來解釋，但真要我來說，雖然只是暫時性的表現，卻也充分展現出「集團運」的威力，這樣的例子應該很淺顯易懂。

具體來說，或許某人在某時說出一句熱情洋溢的話語，而這句話就成為一個契機，讓全體隊員高呼：「大家一起拼一回吧！」或是「過關斬將贏下去吧！」整支隊伍士氣達到最高點，並在內部產生化學反應，使得「1＋1」等於「3」、「4」甚至是「5」，於是隊伍便發揮出比原本實力還要高出許多的奇蹟之力，這應該就是「集團運」具體呈現的情況。

亦或是說，二〇二三年三月開打的世界棒球經典賽，也能看到類似的情景。誠如各位讀者所知，日本代表隊別稱「日本武士隊」，一路打出精彩的比賽，睽違十四年重回世界冠軍寶座。

回顧當年世界棒球經典賽，日本隊的每一場比賽，有大谷翔平和達比修有這兩名世界球壇實力頂尖的大聯盟選手，都在賽場上讓我們看到他們謙虛且熱情的傑出表現。特別是與美國隊決戰前一刻，大谷選手對全體隊員說道：「不要再仰慕他們了」、「今天，我們來到這裡，就是為了擊敗他們、為了拿下冠軍！」這番演說讓全隊士氣一舉大振，相信各位都還記憶猶新。

從日本武士隊連勝的賽場表現來看，可以說是大谷選手和達比修選手兩位擁有的強力「個運」，轉化成整支隊伍的「集團運」。也就是他們兩人擁有「將別人捲入熱情漩渦的力量」，形成龍捲風效應，帶領日本隊取得世界冠軍，我個人是這麼理解的。

短期賽事中「運勢」發揮的效果，也就是一瞬間的「集團運」。而我們經營者和商務人士，需要的是中長期持續獲勝的「集團運」。假設說，短期的局面陷入劣勢，只要把這次失敗當成為了獲勝的養分，加以驗證、分析，提升實力大膽進攻即可，擁有這種「集團運」的組織，正是我們經營者追求的目標。

為什麼最後決定「分權管理」？

接下來的內容極為重要，我會開始說明，公司是怎麼成為一個具備「集團運」的組織。

解開這個謎團的最大關鍵，就是在門市現場徹底實施「分權管理」的做法。一般來說，分權管理是指主管將自己擁有的分權管理給員工，讓員工學習如何自發遂行業務的一種管理方式，但我實施的分權管理，做起來並不是那麼簡單，因為我不僅下放部分權力，而是全權交給現場人員管理。

說起來，為什麼我最終會決定分權管理，這件事要拉回「唐吉訶德」剛創業的時候講起，我簡單整理一下當時的原委與背景。

第五章曾提到，我從「小偷市場」學到的最大收獲，就是藉由「換位思考」，以顧客的視角創造一家有趣的店，以及習得讓人感到心動的商品有多重要。唐吉訶德有名的「壓縮式陳列」和「ＰＯＰ洪流」，就是在這個過程中發明的。這個方法和一般連鎖零售業完全不同，不僅跳脫常識且複雜又奇怪。

我想將在「小偷市場」習得的技巧，套用在經營唐吉訶德門市，但是卻進行得極不順利。因為我心目中理想的門市太過特異獨行，已經脫離流通業界的常識，以致於員工們完全無法理解我的想法。

我對員工說：「我們要創造一家有別於其他商店的獨特門市，大家要記得這點，一起努力吧！」他們也是精神飽滿地回答：「是！」不過，一旦真正開始工作，卻沒有一個人符合我的理想。

這也無可厚非，當時（現在應該也是）零售店的常識，是讓商品「陳列清楚、方便拿取、容易購買」，但我卻完全反其道而行，指示員工要讓商品「不清楚、不好拿、不好買」。在他們看來，聽到我這種跳脫常識的說法，也是摸不著頭緒，因而腦袋陷入一片混亂。

與其「教導」員工，不如讓他們「放手去做」

到底該怎麼讓員工理解我的想法呢？誠如先前所言，我為此感到苦惱而挖空心思。當時唐吉訶德內部，沒有任何一位「能幹的員工」，能夠理解我的想法並付諸行動。我除了下達指示，還必須誠懇耐心地教導，員工才知道怎麼做。但是，不管我怎麼教，他們還是無法百分之百符合我的標準。

「不行了，只能放棄」這種絕望的心情，不只一次浮現在我腦海中，甚至讓我有了把店賣掉的想法。

雖然最後我還是打消把店賣掉的念頭。而煩惱到了盡頭，我也變得有些自暴自棄，當時得出的結論是，既然怎麼教都教不會，就代表教導本身就是一種毫無意義的行為。

於是，我下定決心覺得：「這麼做不行的話，乾脆放棄好了」，「教導」行不通的話，那就採取完全相反的做法，「讓他們自己去做」。

而且不是只有部分事務這麼做，而是全權交給他們決定。員工可以自己決定想負責的區域，從進貨開始，到怎麼陳列、定價、販售，全部讓他們「想怎麼做就怎麼做」，總之我就是撒手不管。負責賣場的每一位員工，都有一個專用的戶頭，徹底讓他們像是自己在做生意。這樣的做法，造就日後唐吉訶德成功的最主要原因，也就是「分權管理」的開端。

強大「運勢」的出發點是分權管理

不管是對我或是對唐吉訶德而言，分權管理既是強大「運勢」的出發點，同時也與第二章說明的「幸運最大化」緊密相連。

為什麼這麼說，讓我們再次依時序回顧唐吉訶德的成長歷程。

唐吉訶德創業初期，打從「壓縮式陳列」和「ＰＯＰ洪流」等賣場布置事宜，就連進貨也是我親自經手，就這樣打造出一家生意興隆的門市。但是，理所當然的是，店裡生意愈好，我一個人就愈是無法顧及所有事務。加上我的目標是開展連鎖店，不借用他們的力量，根本就不可能達成。

然而，無論我向員工怎麼說明「壓縮式陳列」的要點，他們仍舊完全無法理解，讓我為此遇上瓶頸而頭痛不已。自己一個人束手無策，身邊也沒有值得仰賴的人，可以說是陷入不幸的深淵。

此時我想到的是「不幸最小化」，不要盲目掙扎，放下身段、堅忍不拔地等待危機過去，這個想法的實際作為，就是讓現場員工「分權管理」。

然而，此舉帶來意料之外的效果，員工們獲得權力之後，開始自己思考、判斷，並付諸行動。他們化作勤勉且積極的工作團隊，沒多久就領悟「壓縮式陳列」的道理，並開發出自己的一套進貨邏輯。

結果，**我一個人建立「分權管理」的模式，透過員工們推廣與重製，也讓唐吉訶德得以迅速開展連鎖事業，這樣的成效毫無疑問就是「幸運最大化」的具體展現**。

分權管理可以說為唐吉訶德帶來「天翻地覆的變革」，就好像從天動說轉為地動說一般，看事情的方式有了一百八十度的變化，其衝擊之巨大，可說是強「運勢」的引爆點。

不再當「王牌投手兼第四棒」，重視多元性

「分權管理」是記載在《源流》當中的企業理念，現在公司也理所當然地奉行著。然而，在走到這一步為止，我心中的苦惱和不安，並非常人所能想像，說起來只是把賣場所有事項交給員工處理，但其實我在背地裡經常是提心吊膽。說句老實話，我心裡還是會想：「交給這個人真的沒問題嗎？會不會造成無法挽救的結果呢？」

說起來，我和他們的見識和經驗都完全不同，因此草創時期的我，毫無疑問，絕對是「王牌投手兼第四棒，還兼總教練」，可以說簡直比雙刀流的大谷翔平選手還厲害（笑）。

當我不再身兼數職並刻意降低管理力道，儘管員工的經營能力和我「天差地別」，我還是把整家店交給他們管理，此舉讓我愈想愈害怕，當時幾乎是每天都夜不成眠。然而，如果不將分權管理，讓唐吉訶德成為不用我事必躬親，也能夠高效營運的企業，絕對無法開啟光明的未來。

經過一番苦惱於衡量得失的過程，我最終決定以企業的發展性為重，將工作交給現場員工。而且毫不設限，徹底放手讓員工去管理，真的是做好必死的覺悟。說實在話，當時我的心情是「表面上說交給員工全權管理，但還是擔心他們可能會搞砸」，想放棄的念頭占了一半。

但是後來的發展，卻完全出乎我意料，而且遠超預期，「交給員工全權管理，他們反而做得更好」。當然，雖然不能做得跟我完全相同，但很多事情反而是只有他們才能做到。

具體來說，每位員工都有自己的個性和專長，因此每個人都能發揮獨特的專業能力。之後的成果讓我實際感受到，唐吉訶德確實已經擁有「集團運」，而我也開始潛心鑽研「集團運經營」的奧秘。第七章將會講述，一個組織想獲得「集團運」，不可或缺的條件，正是公司重視多元性的經營手法。

「發展性的陷阱」

然而對我而言，關於唐吉訶德的發展性，還有另外一個煩惱。如同各位讀者所知，唐吉訶德特異獨行的風格不同於其他企業，這一點讓唐吉訶德自成一格的獨特商業模式，也因此能夠確保公司獨一無二的特性。

但是想要讓每家店維持這樣的風格，必須花費許多心力，做起來相當困難，因為唐吉訶德這家企業的型態，就是「極具特色、難以複製，發展性自然較低」。

當時我面對以下兩種極端的抉擇，為此搖擺不定，這兩項抉擇就是「為了維持發展性，打造一家更好經營（任何人都能管理）的店？還是為了確保競爭力，以獨特性為重，完全信任賣場裡的每一位員工？」

前面提及我選擇了後者，**因此決定徹底分權管理，此舉可以說是「如有神助」的僥倖，在日後為我和唐吉訶德帶來了「集團運」**。

就這樣唐吉訶德成為一家大排長龍，人車絡繹不絕，生意興隆的店家，從顧客的角度來看，其他店都不像唐吉訶德，有著如此鮮明的特殊性，每次來店裡都能找到不同的驚喜。

但是，要維持門市的魅力，員工的負擔就會愈來愈大，發展性反而就變得日漸薄弱，應該最多開到五、六家店就是極限了。好不容易找到必勝的模式，這樣的結局著實叫人感到遺憾。

唐吉訶德的商業模式太過複雜，甚至可說混亂不堪，或許只能在某種程度做出妥協，才能順利發展成連鎖店。然而，倘若一味重視發展性，變成一間容易理解的店家，若競爭對手利用上一章提到的「換位思考」來思考，唐吉訶德就會變得「很好對付」，也就是一家缺乏競爭力的企業。

簡單來說，此時我又再度陷入兩難的局面，不知要選擇發展性還是競爭力，此時我告訴自己：「稍等一下」。

「一家具備競爭力的門市，才能擁有發展性不是嗎？」

為什麼我沒發現這麼簡單的道理呢？於是我不顧一切，果斷選擇保留門市的魅力和顧客的支持，也就是著重於培養競爭力，同時以此為基礎，不斷探尋擴大規模的方法。

面對相同的情況，一般連鎖店應該都會選擇發展性，但這麼做只會降低「運勢」，也就是犧牲競爭力，同時放掉已經到手的鴻運。

假設說，某家大受歡迎的餐廳，主廚靠著對當地的愛，經營得美味又出名。某天，該店朝向連鎖化邁進，開始改以發展性作為優先考量，結果味道和服務品質都下滑，最終淪為一家陳舊的老店，各位應該都時有耳聞。

這就是發展性的陷阱，讓人感到欣慰的是，唐吉訶德巧妙地避開了這個陷阱。

實施「現場決策」與「雙贏策略」

唐吉訶德最後取得豐碩的成果，但是下一個階段，保持獨一無二的競爭力，同時又具備發展性，到底該怎麼實現呢？答案簡單明瞭，就是現場盡其所能展現迅速且靈活的應對力，不過這其實只是後來從結果得出的結論。

現今這個時代，流通業界瞬息萬變，這種「臨機應變」的概念，成為一種積極應對的印象（人們也常說：「流通業的本質就是臨機應變」）。

唐吉訶德可以說是已經將「臨機應變」刻入基因，同時也是公司的最高宗旨。我們常記「事物隨時都在變化」的原則，在這個正確答案飄渺不定的世界裡，展開一場永無止境的戰役。若不能經常明確理解眼前的問題，持續靈活地將其解決，在這個變化劇烈的戰場上，將會寸步難行。

當時的經營者普遍認為，所謂「臨機應變」就是交給現場員工處理，自己不用去管理，等同於放棄經營權的狀態。

但是我卻堅定地相信「放棄經營權也好」，深思熟慮之後決定撒手不管，把主導經營的權力，一舉下放給現場員工。

這種「現場決策」的做法，就是將經營權賦予現場員工，藉此讓競爭力與發展性「兩者併行」，換句話說就是「雙贏策略」，公司全面採取這個策略，因此奠定了「集團運」的根基。

商場並非只有二擇一，必須隨時記得「雙贏思維」，經常保持「多方面嘗試」的心態，做不到這一點就不會成功。將不同調味料混在一起，會使味道更加豐富，在料理的世界裡，「調和鼎鼐」是無庸置疑的道理。我覺得經營也是一樣，或許執行起來非常困難，但唯有「造就雙贏」才是成功的訣竅。

不入虎穴焉得虎子

倘若多數經營者和我身處相同的境遇，他們一開始就會以發展性為優先，一旦要他們放棄經營權是絕無可能的事情。

接下來要說的事情可能有些刺耳，以一名未上市的中小企業經營者的觀點來看，經營權就和「我的錢／我的存在價值」一樣重要。放棄經營權這個選項，打從一開始就不可能接受，因為這麼做等於把公司任人宰割。

然而，唐吉訶德雖然是我創立的公司，但倘若不將經營權下放給屬下，就無法發展成連鎖企業。直到現在，分權管理和現場決策，理所當然是唐吉訶德的看家本領，但一開始做出這個決定時，我心裡其實抱持著「不成功便成仁（做好犧牲性命的覺悟，才能有所成就）」的想法。

說句實在話，我花了約兩年才接受放棄經營權的做法，那段時間每天都像卡在頸瓶中，心裡一直存在煩悶、懊惱和糾結，思緒翻騰、苦惱萬分，每天都必須面對許多決斷。

再重覆一次，普通的經營者絕對不會這麼做。他們會選擇簡化商業模式（變得跟其他商店性質相同）來發展連鎖店，要是不簡化管理流程，就無法擴大規模，因為「少了關鍵人物就無法經營的門市」，最多只能開到兩、三家。

但是我不想簡化商業模式，也不想只停留在小規模經營，稍微說得帥氣一點，在無人敢涉足的道路上，我發起了一場「個人的流通革命」。這場革命讓「我自己的『個運』」轉化成「我們的『集團運』」，最終又吸引了更巨大的「運勢」。我放棄個人的微小成就，反而造就出年營業額二兆元規模的國際流通企業，說起來的確是莫大的成果。要我來說，原本是「一個人的流通革命」，後來卻掀起「撼動業界的流通革命」。

綜合超市重組也能適用分權管理和門市特色經營

唐吉訶德獨特的「分權管理」與「門市特色經營」，隨後也適用於綜合超市和其他行業。

公司在二〇一九年一月，併購了綜合超市生活創庫集團。生活創庫創業於一九一二年，旗下有「APITA」和「PIAGO」兩個子品牌。從九〇年代到二〇〇〇年代，集中在日本中部地區展店，殷實地擴大收益規模，隨後與永旺、「SEVEN&EYE」控股等，各式連鎖專賣店競爭愈發激烈，二〇一七年二月結算結果，最終損益為虧損五百六十五億元。

該集團經唐吉訶德併購後，成功轉虧為盈。二〇二三年七至十二月，營業利益為一百九十二億元，營業收益率為百分之八・一，在其他綜合超市收益相繼下滑的情勢下，取得「獨贏」的戰績。

生活創庫成功的主因，正是採用「分權管理」和「門市特色經營」這兩個方法。首先，我將賣場細分為二十個以上的種類，讓隸屬各部門的打工兼職人員，負責商品進貨、上架、定價及庫存管理等所有業務。

他們便開始拚命思考「怎麼做才能達成目標毛利」、「怎麼促銷才能吸引顧客」，整間門市掀起一股充滿激情與熱忱的漩渦，如此的良性循環，創造出現在的優秀業績表現。

「分權管理」的本質狹窄但深入

我在第四章曾說：「不認清嫉妒的可怕之處，將招來霉運」，但是嫉妒其實隱藏著極強大的能量。

第四章提到不能被嫉妒這股強大且可怕的力量吞噬，但是也有例外的情況。

那就是分權管理會讓公司內部人員，產生人類最原始的嫉妒與不服輸的情緒，但我們不完全否定這種現象，反而是積極引起這股力量，並將其導向正面發展的趨勢。

聽到我這麼說，或許有人會反駁：「煽動員工的對抗意識，不是會讓他們互扯後腿，反而造成職場氣氛不融洽嗎？」但是PPIH內部設計了一項管理辦法，可以有效預防發生互扯後腿的情況。

首先最大的重點是，公司「分權管理」的本質狹窄且深入。每一個員工都是小店長，負責的部門性質也沒有重覆，所以就算扯別人後腿，也不會提升自己的業績，他們只要思考，怎麼讓自己負責的賣場商品賣出去就好。相反的，如果分權管理的範圍寬廣又淺薄，會使得同質商品打對台，結果就造成互扯後腿的情況發生。

想像一下商店街的情況，乾貨店、文具店、肉店、蔬菜店等，各式各樣的商家並列於街道，但是商品都不重覆。因此，即使去妨礙其他店的生意，客人也不會到自己的門市。每家店都專心於提升自己門市的實力，進而活絡商店街整體氣氛，整個商區的攬客力也因此高漲，形成一個良性循環。

唐吉訶德的門市也是完全相同的情況，「狹窄且深入」的特色就是「分權管理」所具備的本質。

不求「我的成功」但求「我們成功」

誠如前述，對於多數經營者而言，「經營權下放」是絕對不可能的選項。

特別是中小企業的經營者，他們都是白手起家創立公司，並且拼盡全力使其成長。要他們退居幕後並分權管理，等於是改變到目前為止的工作模式，要一個人做出這麼大的轉變，幾乎可說是不可能的事情。

然而，經營者的自我意識過於強烈，對於個人「運勢」和組織「運勢」，都不是一件好事。「都是因為有我」這種一味強調自己功勞的想法，會導致沒有任何一位員工願意支持。說得更明白一點，員工會覺得：「賺都是你在賺，憑什麼我們要那麼賣力為你工作？」而且我們零售業的工作本來就不輕鬆，更不可能為了讓老闆賺更多，自己奮不顧身地工作。

說實話，一家公司想要招攬顧客，如果不把「自己（經營者）的成功與幸福」，轉變成「每個人（員工）的成功與幸福」，絕對不會受到幸運女神青睞，這個道理也跟第五章提到的「換位思考」一樣。經營者把自己的成功擺在第一位的企業，跟經營者知道分寸，不會一味追求最大利潤的企業，哪一家的員工滿意度會比較高？答案肯定是後者。**經營者如果不克制自己的欲望，組織的「運勢」就不會好，如此一來，想從中小企業轉型成大企業，根本是不可能的事情。**

雖然我說得好像自己很偉大，但我在二、三十歲年紀尚輕的時候，也是無法壓抑自己的欲望，總是覺得「沒有我不行」，遇到任何事只會想到自己，結果無法和員工建立互相信賴的關係，為此吃足了苦頭。

在經營「小偷市場」的時期，員工監守自盜的情況十分嚴重，經常要不是錢不見，要不就是商品不見，「小偷市場」真的成為小偷的棲身之處（笑）。即使收銀機和收據的總金額對不上，但開除員工又會造成人手不足，只能無奈繼續聘雇他們。

我創立的盤商公司「領導者」，某天突然一名業務人員都不剩，他們竟然將顧客名單帶走，自己開設另一家公司。只剩下會計人員還留在公司，整間事務所宛如空殼一般，讓我頭痛不已。

從這些事情看來，年輕時候的我，完全不受幸運女神眷顧。就算時來運轉也僅停留在「個運」階段，無法升華至「集團運」，當時我每天都在想「真想結束這種工作」。正好是這個時候，不動產業界景氣大好，我甚至想過：「不如轉行去做不動產吧」，並為此猶豫不決。

然而，隨著年齡增長，心中的自我漸漸不再那麼強勢。我分析自己的過往發現，自己身為一個人，以及身為一名經營者，真正發生顯著成長，大概是在過了五十歲，不再執著於自我之後，風向馬上發生變化。公司的「集團運」發揮作用，開始從單純的急速成長，轉化成中長期的巨大成長，也是在我五十多歲的時候。

拋棄渺小的自我後，我的公司成長為年營業額二兆元規模的國際流通企業，真可謂是豐碩的成果。將「個運」轉化成「集團運」的訣竅，就是不追求「我的成功」，改以「我們的成功」作為目標。

現在的日本已被「集團運」拋棄

接下來的話題可能有些突兀，要來討論國家大事。說來實在遺憾，現在的日本已經徹底被「集團運」給拋棄了。

日本的泡沫經濟結束後，接踵而來的是「失落的三十年」，在現今世界經濟環境中，處於「一人獨輸」的慘狀。我認為，這很明顯是「集團運」下滑所致。

年輕讀者可能比較難以想像，戰後日本的發展有多迅速與繁榮，接下來讓我稍微帶著各位回顧那段歷史。

一九四五年戰敗後，日本國內猶如一片野火燒盡的荒野，不僅是從零開始，甚至可以說是從負數開始推動經濟復興。但是叫人驚訝的是，之後僅過了二十五年左右，日本就登上世界少數的經濟大國之列。一九六〇年代每年經濟成長率都超越百分之十，東京奧林匹克運動會即是戰後復興與經濟高度成長的象徵。

戰爭結束後，原本從軍約七百萬人口都復員，回到家庭或雙親身邊。他們在之後大量生育，而當時出生的小孩也陸續出社會工作。戰後嬰兒潮帶來一股「人口紅利」，生育年齡人口比兒童或高齡者高出許多，這樣的人口結構促進了經濟成長。

當時的日本，對未來充滿光明的希望，至少可以說，高度成長期的勞動者，每個人都腳踏實地且對明天抱持樂觀的態度。

男男女女都相信「只要努力，明天一定會更好」、「明天一定會更幸福」，每個人都擁有驚人的活力與熱情，埋首於工作之中。這股力量帶來的結果，就是國家經濟上升螺旋。

第三章提到「樂觀主義」是「運勢」的三大條件之一，**上述這些人都擁有共同的夢想與希望，就是「明天一定會比今天更好，明年一定會比今年更幸福」，巨大的「集團運」也就孕育而生**。日本就在這座「集團運」的飛輪帶動下，從戰敗國一舉登上世界少數經濟大國之列。

這樣的現象在其他國家也能看得到，如近二十年的中國也令世人大開眼界，展現出高度的經濟成長，全球南方（Global South）的發展，也是相同的社會結構帶來的成果。或許可以說，「集團運」是世界各國通用，構造上及本質上的成長主因。

「集團運」的副作用與陷阱

至於為什麼日本會被「集團運」拋棄，其原因包括社會已發展到一定程度的成熟階段，再加上「人口負債」等，另外還有其他難以察覺的原因。

那就是「集團運」的副作用與陷阱，**「集團運」發展到某種程度的極致，就會產生反作用，引起類似自體中毒的負面現象**。今天的日本，可以說就是陷入這個狀態之中。

經濟發展超過一定的程度後，就會出現負面的效果。像是過度開發能源和天然資源、公害問題、偏富現象（貧富差距加劇）等。當人們發現這些問題，就會忘記至今享受過的恩澤，思考回路充滿偏見，一直朝著壞的方向深陷進去。而且，媒體也大肆煽動相關問題，讓偏見傳布的速度愈來愈快。

整個社會漸漸傾向悲觀主義，每個人都心想：「或許這世界會發生更悲慘的事情」，本來積極開朗迎接明日的心情也迅速消失。「再這麼下去，未來將是一片愁雲慘霧」、「已經到了無可挽回的局面了」：所有人都開始這麼說，偏頗且無建設性的言論四處散布流傳。現今的日本正面對這種詭異的狀況，根本不可能再創造出「集團運」。

為了不失去「集團運」，寫下《源流》

我看見日本的現狀，腦海裡第一時間就這麼想。

「不行不行，大家不要那麼消極。以前對明天充滿希望而辛勤工作，確實帶來很好的結果。不需要被無謂的擔憂絆住，冷靜下來像過去一樣繼續努力不就好了嗎？」

當樂觀的思想稍微轉向悲觀時，或者對未來產生懷疑的瞬間，「運勢」就會轟然一聲迅速崩毀，特別是「集團運」崩壞的速度更快。因此我為了不讓ＰＰＩＨ

的「集團運」也跟著滑落，才會使出渾身解數，將我的企業經營理念彙整起來，寫成《源流》這本書。

總之這本書包含了充滿希望的觀點，我相信多少能夠將今後的日本導向較正面的局面。

現在的日本和世界各國比較起來，創業率非常低，反而是企業倒閉與合併的比率一直在增加，經濟環境整體呈現顯著的「萎縮」，整個社會與經濟的活力都明顯下滑。再者，根據日本銀行統計，日本的個人金融資產總額已突破二千兆元。儘管長期處於零利率的情況下，龐大的資金仍舊存在銀行戶頭中，一定要想辦法讓這些錢活絡起來，轉向消費或投資才行。

為了達成這個目標，我期待擁有未來的年輕人當中，能夠出現許多創業家。**勇敢接受挑戰的個人或企業愈來愈多，日本全國的財富、幸福度和國際地位也會隨之提升，應該就能達到接近「一億人都開心」的狀態。**

當然，創業就一定會伴隨失敗的風險，現實中，無論是過去和現在，成功的機率都算不上高。然而一旦成功，獲得的甜美成果也將是無比巨大。唯有靠著「幸運最大化」，才能將不幸所造成的損失一筆勾銷。真心希望本書提出的主張，不僅落實在個人及企業層次，最好是國家也能加以實行。

第六章重點

- 唐吉訶德所向披靡的背後，有著無比強大的「集團運」支持。
- 為了將「個運」轉化成「集團運」，經營者必須把員工帶進熱情漩渦中。
- 提升「集團運」的最大關鍵，是徹底將「分權管理」給現場員工。
- 不求「我的成功」但求「我們的成功」。

安田講座④《源流》是提升「集團運」的聖經

我剛創立唐吉訶德不久，就深切了解制定明確企業理念的必要性。然而，我心裡遲遲沒有萌生具體的形象，每天都有做不完的事務，生活算是挺過一天算一天。

另一方面，我作為一名經營者，累積許多包括血流成河的經驗和見識，隨著公司股票上市，我也做好覺悟。包括本書將提升「運勢」的方法開誠布公寫出來，也算是我個人獨自開發的經營哲學已經固定成形。接著，我更進一步想到，「必須把我的理念化為肉眼可見的形式，所以決定寫一本企業理念集」。於是，大約四、五年前發行《源流》初版。

決定寫書之後，我把國內外一流企業的理念集全都收集起來，徹底比較每一本內容。但是，不管閱讀哪一家公司的理念集，我都沒有被打動的感覺。那些書總是用高高在上的視角在講道理，但是內容卻讓我覺得華而不實。

符合公司風格和精神的企業理念集，該怎麼寫才好？沒有能夠作為參考的對象，我只能自己埋頭苦思想出各種方案，邊錯邊改，但這種做法也是窒礙難行，困在瓶頸許久。

《基業長青：高瞻遠矚企業的永續之道》和《源流》

就在我苦惱不已的時候，偶然找到一本世界級名著的經營理念集，詹姆・柯林斯所撰寫的《基業長青：高瞻遠矚企業的永續之道》。

該書講述高瞻遠矚的企業的經營理念，相較於長期興旺發展的企業，探討兩者之間有什麼共通點？該書不以主觀推測行文，而是以自然科學的手法分析道理，是一本罕見的佳作。

曾經叱吒風雲的企業最終大多會倒閉，只有極少數能存活下來，並且持續發展。書中記載企業永續發展的秘訣，就是必須明確規劃目標，而獲得多數員工認同，每個人才會朝向相同目標的基礎展開行動。我平時很少閱讀經營學的書籍，但是這本書的確讓我留下至今未曾有過的深刻印象。

我受到該書啟發，將其視為寫作基準，燃起絕不退縮的意志，操起紙筆立書為文寫下《源流》。

《基業長青》是一本談「集團運」的書

《基業長青》這本書另一個讓我感動的地方，就是內容與「集團運」極為有關。當時翻譯版出到第三部，我反覆重讀，對書中的觀點頻頻點頭。

書中標示幾個重要的關鍵字，像是「飛輪」、「BHAG（Big Hairy Audacious Goal，意指艱難且大膽的目標）」、「誰能搭上巴士——先選擇人才，再訂定目標」等觀念，說是一本講述如何強化「集團運」的聖經也不為過。而且，系列作最新一集，也就是第四部第七章，更以「『運』帶來的盈利」為題，針對「運勢」考察個別案例的內容，就占了數十頁之多。

就這些內容來看，我個人擅自主張，把書名從《基業長青》改成《企業的運勢》也可以。

不管怎麼說，《源流》高度參考該書，講述公司提升「集團運」的獨家秘訣，可以說是一本宛如經營聖經的理念集，我為此感到自負。

連鎖店主義容易降低「集團運」

這裡我先改變話題，各位讀者有聽過連鎖店主義嗎？這是一種美國企業開發的流通零售業經營法，每個門市進貨和商品種類、行銷手法、雇用標準等，全都由總公司制定，每家門市都持續精進販售和運作流程，完全追求效率化的經營方法。

簡單來說，這個主義和公司透過「現場決策」，執行門市特色經營的方法完全相反，也是過去日本大型流通企業的必勝戰略。而連鎖店主義在最近四分之一世紀裡，明顯開始有逆轉的趨勢。綜合超市這類綜合量販商業模式的凋零，正是最好的證明。

主要的原因一言以蔽之，就是這個時代已經從物資不足（需求過剩）轉變為物資剩餘（供給過剩），這之間消費價值觀發生劇變，但各大型企業卻無法周全應對，這是我個人的看法。先進的大型流通企業開始失控，公司只是取而代之的存在。大企業強化經營的重心，完全與「集團運」背道而馳，我覺得公司能有如此成就，完全是託他們這麼做的福。這麼說是什麼意思呢？

連鎖店主義的做法，就和工廠的生產線類似，每家店都徹底化身成同質性極高的「販售機器」。這樣的做法不需我多言，已經無法應對成熟且多元的現代消費需求，而公司徹底實行門市特色經營，兩者間的戰意（販售能力）已經拉開極大的差距，其中的道理我想是不言而喻。

不可思議的是，具備強大「集團運」的門市，就像有著無形的魔力，能夠聚集大量顧客，或許這種店擁有肉眼看不到的「攬客氣場」。無論如何，連鎖店主義在這個時代，可以說是降低「集團運」的典型策略。

第七章

如何創造自動自發的「集團運組織」

經營者的一步不如員工的半步

本章主要試著講述「集團運」的實踐與應用，同時提出具體實例和技巧，進一步探討其真實狀態和本質。

首先，想要了解產生「集團運」的原因，必須先探討企業高層的資質。

我經常看到，經營者本身的行動力和能力明明都極高，公司本身的業績卻沒有長足的進步。也只有這樣的企業經營者，才會一直抱怨「公司員工都是笨蛋」，但是在我看來，只覺得這些人「胡說八道」，並為此感到驚訝，想要對他們說：「不知道怎麼帶領員工，你自己才是笨蛋」。

「經營者的一步不如員工的半步」，這個道理還不是那麼廣為人知，但是對企業卻是極其重要。比起經營者一個人孤軍奮戰，讓每一位員工都充滿熱情，面對自己的工作，才能讓企業呈現翻倍的發展。不懂得這些道理，就不配當一名經營者。

經營者最應該做的事情，就是激發現場工作人員的士氣，才能創造出一個自動自發的「集團運組織」。

如何創造「集團運魔法」的狀態

更進一步來說，經營者本身辛勤工作，會讓員工和現場人員自主燃起熱情，創造出一個所有人都充滿熱情、自動自發的組織，想要這個組織持續運作，必須不惜成本，持續提供員工必要的燃料，這一點是經營者責無旁貸。

所謂燃料，具體是什麼？就是隨時和員工議論、檢討具有創造性的課題，並且提供讓他們感到能夠突破瓶頸，覺得未來充滿光明的方案，一名成功的經營者，必須經常且持續地給予這樣的提示。

如此一來，員工們就會覺得：「啊，聽起來好像很有趣，我來試試看」，或者「既然這麼備受期待，我也要拿出實際績效作為回報」，當多數員工提起幹勁之後，自然會形成一個自動自發的組織，和其他組織比較起來，突破難關的能力就會呈現難以比擬的差距，最終也會獲得超越他們原本能力所及的成果。這就是公司創造的「集團運魔法」，也是飛躍性成長的秘密。

當多數人們（員工）的熱情，也就是「大家一起努力」、「我們目標一致」的情緒達到最高峰，門市、人才和商品都能迅速到位。實際上唐吉訶德也是轉眼間，獲得稱霸全國的成就。

沒有任何一項能力比得過「人格特質」

究竟對我們流通零售業的從業人員而言，最重要的能力是什麼？我不消思考，給出的答案就是「人格特質」。讓員工和身邊的人覺得「可以為這個人赴湯蹈火」，這樣的能力無人能敵。進一步探究這樣的能力到底是什麼的話，最終得到的結論就是個人獨特的魅力和人情味，換言之也就是人格特質。

第一章也提到過，「運勢」感受性的高低，在多數的情況下，取決於「人與人」的關係。簡單來說，這裡所謂的人格特質，主要是指對別人感同身受的能力。能不能感受員工或現場人員的心情，對他們說一聲：「謝謝你們每天的付出，工作雖然辛苦，但我和你們一起努力」。就算能力再好、指示再怎麼明確，一名高高在上的店長，不會有人想跟隨，這就是流通零售業的真實現狀。

無論如何，**人格特質是創造強大「集團運」最關鍵的條件**，經營者更是需要具備高尚的人格特質。

當然，說到我自己，不僅沒有高尚的人格特質，更是個充滿缺陷的男人。但正因為我有這份自覺，才能時常告誡自己必須更加精進，不斷努力讓安田隆夫成為受人敬重的人。因為我知道領導者的人格特質直接影響「集團運」，同時也大幅左右經營的成敗。特別是唐吉訶德股票上市後，我更是嚴格要求自己，力求待人處事面面俱到，一刻也不敢鬆懈。

《源流》一書中記載了「**五條禁令**」：

①禁止公私不分

②禁止濫權得利

③禁止無所作為

④禁止濫用私情

⑤禁止誹謗中傷

這五條禁令是我在一九九六年股票上市的前一刻親自訂定，也是公司不可動搖的金科玉律，而最需要堅持這五條禁令的人就是我自己。

「動員組織的力量」才是真正的能力

暫且不管我剛才說了什麼，請各位再一次思考，上位者必要的能力到底是什麼？能力有許多種類和定義，像是突出的才能和專業技能，亦或是比別人賺取更多營業額和利益的能力，這些都是正解。

但是從經營公司和運營門市的觀點來看，我認為真正的能力是「動員組織的力量」。

這個道理跟「讓人行動的能力」一樣，不管擁有什麼專業技能或勤勉與否、智商高低等，都不是決定負勝的原因。說到底，唯有能夠構築優良「人際關係」

的人格特質，才是一切的關鍵。

其實只有一部分ＩＴ企業或新創產業，需要高度專業或特殊技能的人才，這類型組織只要有幾位天才就能運作。或許這些企業的經營者，比起人格特質是否高尚，更著重於專業技能的優劣，在那種職場工作的員工，也能磨練專業技能，這是該產業最大的工作動力。

但是，要親自面對顧客，也就是要跟「人」打交道的服務業並非如此。在這個全國就業人口約有六成是服務業的時代，個人再有能力，一次也只能面對一位顧客，一位員工不可能承擔數倍的工作量，所以擁有再高超的技能，能提供服務的範圍也是有限。

我想說的是，零售業不是個人戰而是團體戰。這樣的職場，注重的是喚起團隊成員的幹勁，透過切磋琢磨引發數倍的「集團運」效果，以及能否順利整合團隊，領導者必須擁有眼觀四面的能力。領導者的終極武器是待人處事的能力，換句話說也就是人格特質。

發自內心感謝員工

若要具體定義人格特質，也可以說是「感同身受」的能力。**企業領導者必須知道員工有多努力和辛苦，並且和他們站在同一陣線**。

全國各地的門市，員工都站在最前線，每天汗如雨下工作著。或許現場的員工心裡有諸多不滿，但是他們還是把苦往肚子裡吞，為了公司辛勤工作。

此時，必定要運用第五章說明過的「換位思考」，想像員工在什麼情況會覺得：「聽到老闆這麼說，讓我充滿幹勁」，讓他們熱衷於工作。更重要的是一點是，經營者一定要將所有「想賺更多錢」的念頭封印起來。

「每天忙碌工作，真的非常感謝你們，今後希望繼續和各位攜手，共創繁榮的局面」，發自內心感同身受，並且對員工懷抱敬意，能不能做到這一點至關重要。只有能夠明確表達感謝之意的經營者，現場的員工才會願意跟隨。

零售業是一場「平民歌舞劇」

稍微偏離一下主題，卸任總理田中角榮會受到愛載，也是因為他具備高度感同身受的能力。每次他回到自己的選區，都會換上防水靴，到田裡對著正在工作的人鞠躬說道：「多虧有各位，新潟才能平安無事，非常感謝！」東大畢業的福田赳夫和中曾根康弘，雖然同為卸任總理，田中角榮受歡迎的程度，能夠遠高於他們二人，就是靠著這種親民的姿態，而高知識份子很難放下身段說出感謝的話語。

整個業界就是「平民歌舞劇」的舞台，必須抓住眾多顧客和員工的心，使其產生化學反應，才能廣為接受。為了做到這一點，必須培養出高度感同身受的能力。

平庸的經營者絕對做不到，真要說那些人，給人的印象就是游池邊的教練，不曾實際下水練習，也就不知道溺水時的痛苦，只會在池邊發號施令。他們擅長用數字製作簡報資料，但是一問到現場的管理方法，就什麼也答不上來。

想要創造「集團運組織」，就要具備「讓人行動的能力」和「動員組織的能力」，但是真正能做到這一點的人，只有願意親自站上第一線的專業經營者。

高聲演奏凱歌的旋律節奏

然而，經營者想將「個運」轉化成全體員工的「集團運」，有一個儀式或說是訣竅。經營者必須將本身的欲望、野心或經營目標等，利用換位思考改成站在員工立場思考，稍微改變目標就能把「個運」轉化成「集團運」。

針對這個訣竅，再稍微補充說明。經營者放下心中描繪的企業方向和未來展望，「換位思考」每一位員工的想法，以「這麼做就能讓員工燃起熱情為公司奮鬥」作為目標。

經營者的能力就好像交響樂團的指揮。隨著指揮家精湛的表現，每一個樂手各自奏出最優美的音色，就能譜出和諧的強力組織，高聲演奏凱歌的旋律節奏。這種高度合作的關係，支撐著唐吉訶德的「集團運」，同時也化做一股原動力，讓公司在極短的時間內，從一無所有躍升成為年營業額高達二兆元的企業。

或許有些離題，接下來我想講述，真正能夠繼承我理念的經營者，必要的能力是什麼。那就是「**能看穿複雜事物的本質，使之單純化，並找出各種合適的人才，讓他們理解且贊同自己的理念，願意一同努力達成目標。另外，面對問題時能夠同時參考各種理論，彙整出草案，在適合的時機，臨機應變加以運用的能力。**」聽起來似乎太過理想化，但這是我最真誠的想法，同時也是我一直堅持的信念，還望各位理解。

總而言之，無論是先前提到的ＩＴ產業等研究開發型的企業，或是公司這類需要聚集各種人才，帶入各種工作方式的複合型企業，經營領導者的管理能力都是至關重要的條件。

獨門絕學——共享競賽

到目前為止，本章主要講述有關經營者或現場領導者的能力，接下來我想說明為了提升「集團運」，公司內部應該怎麼建構組織。

請容我再重覆一次，**我靠著將自己的「個運」轉化成「集團運」，就像給組織加裝一座飛輪，能夠自動自發運轉起來，引起「奇蹟的連鎖」反應，造就出現在的PPIH。**這裡提到的「奇蹟連鎖反應」，很難三言兩語說明清楚，因為那並不是我能靠自身意志來引發，而是我無法控制的一種自發性反應。

首先，再次回顧我的過往。唐吉訶德創業初期，我發現「分權管理」的做法，將進貨、陳列、定價和販售，全權委託給現場的每個人負責。另一方面，得到我信賴的員工，就會燃起熱情勤奮工作。在這個過程中，工作會變成有趣的競賽，員工都萌生強烈「想贏」的心情，拚命思考「怎麼做才能賣得更好」，勇敢嘗試各種構想和方法。藉由「分權管理」，工作會從勞動變成競賽。

當然，在競賽中，贏了會很開心，輸了會很懊悔，所以才會讓人欲罷不能。反覆進行競賽後，每個人的能力都像上氣旋一樣向上提升，公司也才能獲得超乎預期的成果。

總之，解開「奇蹟連鎖反應」的關鍵，就是「把工作化為競賽」，而且是一場所有人「同樂」的競賽。

順帶一提，《源流》的員工須知與行動規範第八條，明確記載「**將工作視為『競賽』，而非單純的『勞動』，樂在其中。**」而且還針對將工作化為「競賽」，訂定以下四大條件。

①勝負明確（輸贏規則不明確的競賽不能算競賽）

②時間限制（不能在一定的時間內結束的競賽不是競賽）

③規則易懂（規則太多的競賽太複雜難懂，不會有趣）

④自主參與（要聽令於別人的競賽，最讓人提不起勁）

如果不明確定下這些條件，就算喊著「工作不是勞動，而是競賽！」，也只會淪為一句口號或標語，強行將「像玩競賽一樣樂於工作」這個觀念灌輸給員工，那跟黑心企業沒兩樣。

透過分權管理，讓員工自發地把工作化為競賽，讓他們彼此切磋琢磨，這種做法早已刻進公司的ＤＮＡ。無論哪一本企業管理書籍，或者取得ＭＢＡ學位，都學不到這項技能，因為這是我個人發明並引以為傲的「獨門絕學」。

「集體沉迷狀態」其實就是「奇蹟的連鎖」!?

把工作化為競賽的做法，漸漸傳播出去，全國各地門市迅速地展開一場競賽盛宴。雖然有時間限制，但是輸了之後懊悔的心情，會讓員工沉迷其中，並想著：「再讓我多玩一會！」。每個人變成參加大賽的職業玩家，這就是「集體沉迷狀態」。所有人長呼著「哇——！」熱衷於競賽中，形成一股猛烈的上升氣旋，回過神來才發現，包括我在內的全體員工，能力水準都達到難以置信的高度。這應該就是「奇蹟連鎖反應」的真面目。

自一九八九年唐吉訶德創業到一九九六年股票上市的這段期間，一直都在反覆玩這場大型競賽。之後，我深刻體認到將工作化為競賽的驚人效果，持續堅持這個理念，把這個競賽繼續玩下去。

即使如此，當時那股濃烈的活力和熱情綻放出來的火花，合而為一形成巨大的漩渦，現在仍叫人感到懷念。並不是我誇大其詞，要是沒有那個奇蹟的連鎖反應現象，PPIH絕對無法達到現在的規模。

唐吉訶德著名的「陳列競賽」

能夠簡單表達「工作化為競賽」和「集體沉迷狀態」的活動，就是唐吉訶德每年舉辦的「陳列（Display）鐵人大賽」（以下簡稱陳列競賽）。

陳列競賽的參賽隊伍由各門市組成（兩兩對戰），展開陳列技巧的競賽，在預選中獲勝的隊伍，就能參加決賽爭取「鐵人」稱號，是唐吉訶德內部的一項賽事。開賽信號響起的同一時間，參賽者就要迅速掌握商品名、圖片、賣價、毛利率，並且著重於計算各商品的營業額、數量和毛利，依照最低陳列量和最高陳列量的列表，在限制時間內完成貨架陳列。評分委員都是擁有「傳說」稱號的董事，以及過去獲勝的冠軍來擔任，最後由總分高低來決定勝負。

每次比賽都會包下外部的場地作為會場，規模十分盛大。在短時間內，想要綜合考量「壓縮式陳列」、毛利、視覺效果等評定項目，完成的貨架陳列簡直都是鬼斧神工，這樣的工作無法用ＡＩ取代。勝利者開心無比，失敗者懊悔萬分，參賽者全都使出渾身解數，賽場邊啦啦隊歡聲雷動喊出加油，主持人也不甘示弱炒熱氣氛。

「陳列競賽」是總公司舉辦的比賽，但是各門市也會舉辦類似活動（迷你版的陳列競賽），將賣場內各區域化為賽場，各部門彼此自發展開競爭，在日常生活裡享受競賽的興奮。這樣的做法將每個人捲入熱情的旋渦，使得唐吉訶德門市現場，每天都充滿競爭的要素。

一起創造美好的未來吧！

從陳列競賽可以清楚看到，公司內部存在著「熱情漩渦」，讓「集團運」像飛

在「陳列競賽」中取得優異成績，比出勝利姿勢的參賽者

輪一樣高速旋轉。這個漩渦的中心，因為太害羞到我不想講，就是身為創業者的我想出來的。就是我具備能讓人涉入其中，或是說吸引人跟隨的強大能力。

不管我是不是天賦異稟，這股肉眼看不見的力量，是我身為PPIH創業經營者，能夠獲得成功的最大主因。當然，我也沒有懈怠於精進這項才能，誠如先前所述，我也一直努力想讓自己成為具有獨特人格特質與領袖魅力的經營者。

另外還有一點，**我強烈追求自我實現，絕對是常人無法想像的**。由於我天生具備的人格特質與領袖魅力產生了「捲入熱情漩渦的力量」這組飛輪，而且這組飛輪如同細胞分裂一樣，之後還自動運轉起來，讓組織漸漸地加速前進。

也就是說，我身邊的人都跟我產生共鳴，被拉進「安田世界」裡，順利把所有人拉進來後。我是這個環境的創造者，我與員工一起開心的工作，一起沉浸在有趣的環境裡，回過神來才發現到處都是這種快樂的漩渦。無論如何，在這樣的「集團運」循環裡形成強烈的上升氣旋，正是唐吉訶德初期爆發性成長的主因。

雖然《源流》裡面並沒有如此記載，但是我在字裡行間留下百感交集的「隱藏訊息」，那就是「一起來創造美好的未來吧！」於是，《源流》就作為我送給PPIH全體員工的一首熱情的應援歌。

剛才提到的「奇蹟連鎖反應」，還有將別人捲入的力量，說得更明白一點，一切的原點都濃縮在這裡。簡單來說就是整家公司都**擁有共同的目標，都在一起玩競賽，並且從中分享喜怒哀樂的員工**。

有一個業外人士，同時也是我的朋友，看到唐吉訶德初期的狀態，這麼評論道：「唐吉訶德好像學校的社團」，這個說法似乎不謀而合。

多元性是「集團運組織」的前提

另外，《源流》也提倡重視人才的多元性。這個話題有點敏感，《源流》提出的論點和解說，雖然看起來並不特別，但是多元性這一點，其實隱藏著《源流》比較特別的一點。而且，和「捲入熱情漩渦的力量」一樣，**毫無疑問的，多元性也是公司所擁有的另一組飛輪**。

各位對於多元性抱持著什麼樣的印象呢？就是能夠讓女性發揮所長，接納LGBTQ等不同類型的人，或是重視生活與工作的平衡。更進一步說，多元性也是現代企業必須遵守的常識，也是構成《源流》多元性不可或缺的特質之一。

另外，《源流》所提到的多元性，和第二章提及的「順風揚帆（往自己最擅長的領域鑽研）」也有不少共通點。這些共通點就是建立在**「『稱讚』就是發現對方**

的優點，並給予認同」（引自《源流》〈新世代的領導者的十二條箴言／第八條〉）

這樣的基礎上，為什麼要讚美別人的優點呢？

人類這種生物，當然包括我在內，幾乎所有人內心都同時隱藏著自尊心和自卑感。而且在人的心裡，這兩種傾向就像鐘擺的兩端，人的心理狀態就會一直不安定地左右搖擺，這也同時是人類最真實的面貌。

當然，想要挑戰自己不擅長的事情，這種拚命努力的精神十分重要，而且是最純粹的上進心也值得令人尊敬。但是最現實的問題在於這些努力能夠帶來直接的成果嗎？我覺得比較可能發生在孩提時代，其次是學生時代。

累積了相當程度的經驗，正式踏入社會與人交際之後，**就不該再勉強自己去克服缺點和自卑感，反倒是應該接受自己的個性與認知即可**，同時也應該認同身邊人的多元性。

傾注全力徹底發掘自己擅長的能力和優點，才能提升自身價值，還能更有效率地享受工作和人生。說得更簡單一些，出社會之後就不再需要在意自己的弱點，只要好好地徹底發揮自己的所長就好。

在這世上，每個人都各自擁有各式各樣的專長，個性不同的人們，經過融合與碰撞，才能構成豐富且耐人尋味的社會和企業。實際上ＰＰＩＨ也是如此，能夠在短時間內迅速成長，這都要歸功於飛輪帶動的效果。

相反的，如果是公家機關，透過考試招募到一群程度相仿的人才，在那樣的組織工作，實際上一點都不有趣。

畢竟在那樣的環境下，很難期待員工發揮極具創意的工作成果。最理想的狀態是，**讓性格與專長彼此不一樣的人才聚在一起，發揮截長補短、切磋琢磨的結果，說不定能讓每個人的專長更上一層樓**。

如此一來，這樣的企業或是組織，就能達到前所未有的水平，並且必定能夠發揮出難以想像的強大力量，這正是公司理想中的多元性。無論如何，多元性是創造「集團運組織」的前提，也可以說是一切的根基。

極具震撼的現場活力和門市特色堪稱世界第一

為什麼唐吉訶德這家看似獨特卻極具個性的公司，可以在眾人還搞不清楚狀況時，就成長為一家極具規模的大型流通企業？各位是怎麼看呢？

通常企業中的商業模式，愈是具有獨特的企業個性，就愈難擴大公司規模，在一般大型企業中所具備的特殊性算是比較低。然而本公司卻能維持強烈的企業風格，同時還成長為大型企業，算是打破了「二律背反」7的原則，究竟唐吉訶德能夠擴大公司規模的最大原動力是什麼呢？

因為唐吉訶德是一個強力的「集團運組織」，說是世界第一也不為過，因為我們擁有極具震撼的現場活力和門市特色。

從北海道到沖繩，全國所有唐吉訶德門市現場，全都充滿無與倫比的士氣、雄心以及戰鬥力。我常說：「零售業界是區域戰」，這個論點從過去到現在都沒改變，所以我不必刻意創造一家日本第一的門市。全國的商圈數量就那麼多，只要我創造幾百個「地區門市冠軍」，最終整體結算下來，自然就是日本第一，這就是區域戰的道理。實際上，公司內幾乎所有門市，在各商圈都持續保持百戰百勝的紀錄。

如此巨大的成就，不僅是所有員工的功勞，同時也是因為我採取「分權管理」的策略，讓最前線約八萬名唐吉訶德員工可以全權管理，公司除了正員工工以外，也把非正式的計時人員視為公司的成員。

本章開宗明義就說「經營者的一步不如員工的半步」，其實也可以說是「員工的一步不如計時人員的半步」。在《源流》一書中也明確記載「計時人員是公司的至寶」。

7 譯註：「二律背反（Antinomy）」，此為哲學概念，表示在一個概念或問題，形成了兩種理論或學說，二者都算成立，但又相互矛盾。作者運用「二律背反」表達唐吉訶德將兩相矛盾的企業特性，最終融合為一體。

「東京迪士尼樂園員工」和「唐吉訶德員工」的共通點

各位讀者應該知道「東京迪士尼樂園」的員工，那是一個非常受歡迎的計時工作，有些人從學生時代就已經在那裏工作，之後經由總公司東方樂園聘用，成為正式員工。事實上東京迪士尼樂園的員工，和唐吉訶德的員工有一個共通點，那就是對組織都充滿「愛」。

當然，兩者在應徵計時人員的時候，動機大不相同。東京迪士尼樂園的員工，大概都是從兒童時愛上迪士尼，因此應徵迪士尼樂園的工作時就充滿熱情。相對的，來應徵唐吉訶德的人，原因大多是「因為離家近」或「時薪比較高」。

實際開始工作之後，員工的心態會開始慢慢發生「變化」，因為公司實行「分權管理」和「工作競賽化」的管理策略，這些管理方式會讓工作變得很有趣，員工開始漸漸覺醒，心裡孕育出「對唐吉訶德的愛」，我自許不會比「對迪士尼的愛」遜色許多。很多計時人員做一陣子就轉為正式員工，跟東京迪士尼樂園的員工有點相似。

我聽說東京迪士尼樂園的員工，都抱持實現顧客夢想的服務精神，以及表現出無微不至的親切態度。唐吉訶德的員工不僅有這兩項特質，還有多方面獨創的服務特色，帶給顧客便利和快樂。我並不是想和迪士尼樂園做比較，但是我認為唐吉訶德所提供的服務，極具創造性且附加價值高，可說是對社會極有貢獻。

用「感謝與請求」代替「指示和命令」

若想把公司內所有員工的潛力激發出來，形成更優質的「集團運」，最大的關鍵是「感謝與請求」，絕對不是「指示和命令」。

我總是對現場工作人員抱持最大的敬意，發自內心感謝他們。而且，利用「請求」的態度更能傳達我的心情，他們也會更願意依照我的意思去做。這是公司中理想的領導者所需要具備的條件之一，就是必須讓這種良性循環順利運作。

如果對員工說「希望你們努力，凡事做到盡善盡美」，聽起來像是不關他們的事，所以不能這麼說。何不試著用熱情的口吻說：「大家真的都很棒，很感謝各位每天的付出，我衷心喜歡跟你們一起工作！」與主管冷淡地下達指示：「加油，創造一家優質的門市」相比，哪種說法比較能激勵人心呢？答案應該是顯而易見。

唐吉訶德的員工，年齡、性別、國籍都不盡相同，而且各自擁有不同的生活背景、資歷、意識形態、主張及價值觀，這麼多形形色色的人聚在一起，就像一個大熔爐，這也是各門市的共同特色。

透過「感謝與請求」，能讓多數人團結一心，每個人都充滿熱情，朝著相同的目標突進，我相當引以為傲。希望各位能夠理解，想創造出這樣的氛圍，「感謝與請求」是不可或缺的。

門市員工自動自發地參與活動

「感謝與請求」和唐吉訶德獨有的「分權管理」理念，這兩者是相輔相成的概念。**人一旦受到信賴，就會自動自發地參與活動**。換句話說，單純的「指示和命令」，不可能會有創造性的工作表現，以及更高層次的經營，同時也會對企業形象帶來不良影響。

東日本大地震和熊本地震發生時，處於災區的唐吉訶德門市，迅速整理門市後照常販售食材、飲料和日用品。即使遇到停電而無法使用收銀機，員工們仍靠著計算機，一筆一筆地計算金額，恢復至與平時營業無異。而且還到災區免費供膳，並且將因停電而無法保存的食材，免費送給顧客，這些舉動都讓災區民眾銘謝在心。

各門市會根據現場情況做判斷，門市員工自發性參與起了很大的作用。倘若平時就利用「指示和命令」去經營，等到災害來臨時員工就會變得不知所措。因此，以「感謝與請求」為基礎去實施「分權管理」，就能發揮出意想不到的效果。

提高士氣的「傾聽大會」

回到主題，唐吉訶德的員工總人數約八萬名，規模如此龐大是怎麼做到「分權管理」的呢？

答案就是，**唐吉訶德所有員工，個個都是心連心，將溝通視為最重要的支點，他們全都如同心有靈犀一般，顧全大局並彼此信賴，即使員工獲得權力後，也會肩負起自己的責任**。

根據每個人的工作表現，時薪高低也不同，員工的士氣和榮譽心，也因此提升到最高點，這樣的機制帶給他們正面積極的認同。我未曾向任何人說過，這就是唐吉訶德真正強大的秘密，也是員工團結一致的本質。

順帶一提，唐吉訶德門市店長等幹部，以及現場的管理階層，定期都會和員工們談話。雖然會議主題定為「談話會」，基本上管理階層自始至終都只是傾聽，實質是一場「傾聽大會」。

在大會上，員工不僅可以提出對公司的不滿與要求，總之就是暢所欲言。雖然員工一直在吐苦水，但還是要讓他們踴躍發言，再予以稱讚勉勵。人只要受到認同，就會給予一定的回應，這就是「互惠原則」。相反地，主管若是一味斥責，員工也會喪失鬥志。因此，**主管要找出員工的優點，給予十二萬分的讚許，才是領導者應該做的事**。

傾聽員工說話並加以稱讚，會讓員工們的士氣大為提升，戰意也愈來愈高。他們全都團結一致，化為一股良性循環的上升氣旋。唐吉訶德對領導者最大的期許，就是希望他們能夠讓員工們維持高漲的士氣。

獨裁將組織帶向衰退與滅亡

關於本章所論及帶來「集團運」的經營者心態，以及考察「鴻運經營者」和「厄運經營者」之間的差異，還有幾點需要注意。

首先，請大家閱讀我從**《源流》〈管理的九條鐵則〉**中節錄出來的解說。

「信賴與尊敬的良性循環」↔「權力與迎合的惡性循環」

在唐吉訶德公司內部，就算擁有最優秀的工作能力，倘若沒有具備與職位相符的「換位思考」能力，就沒有資格擔任管理職。總之，本集團一直在追求的目標，主管不僅獲得員工信賴，員工也發自內心尊敬主管，一起創造出「信賴與尊敬的良性循環」。

對於那些只知道奉承主管而言聽計從的員工而言，他們當上主管後，跟沒有同情心只會濫用權力的主管一樣，用高壓手段管理員工，而自己躲在權力的保護傘中，最終公司就會深陷「權力與迎合的惡性循環」

因此，以「恐懼與服從」為基礎所建立起來的主管和員工的關係——正是唐吉訶德最忌諱的管理方式。

節錄自《源流》〈管理的九條鐵則〉解說

簡單來說，公司PPIH集團，絕對不容許用「獨裁」來治理組織。也就是說，我認為獨裁是完全與「分權管理」相悖。剝奪員工的所有權力，強迫他們盲目服從，只會讓員工失去工作中所需的創意巧思。

總而言之，獨裁會使組織的集團運顯著下滑，最終將公司帶往衰退與滅亡之路。放眼古今中外歷史和世界情勢，獨裁政權垮臺的案例不勝枚舉。看看目前尚在的獨裁國家所呈現悲慘的現狀，就是多數獨裁式企業的未來寫照。

說起獨裁式管理，數百年前的人類，認為那是一種非常有效的統治手段。中世紀文藝復興時期，義大利政治哲學家馬基維利的經典巨著《君主論》一書，提到「愛載不如畏懼」，就是主張君主必須掌握強大的權力，才能有助於實行獨裁統治。

中世紀歐洲各國，和日本戰國動亂時代一樣時常爆發戰爭，各地血流成河。這是一個殘酷與弱肉強食構成的世界，人們只要稍一不留意，就會大難臨頭，國家領導者因為握有絕對的權力，喜歡用恐懼的手段來支配人民。

然而到了現代，除了部分國家或地區以外，人人幾乎都讚頌自由。包括日本在內的民主國家，人民選擇職業的自由受到保障，與馬基維利生活的中世紀相比，大不相同。

在這樣的時代，在獨裁國家與民主國家之間做選擇，大多數的人都會不假思索選擇「後者」，如果站在民眾的立場上「換位思考」，這樣的選擇也是理所當然。在公司內也是如此，所有人都不願在高壓統治的經營者底下工作，反而願意在尊重個人意志的領導者底下工作。

「恐懼與服從」會造成員工士氣低落

那些想要讓員工言聽計從的經營者，腦海裡首先浮現的就是「被員工小看就完了」。懷抱這類想法的經營者而言，「恐懼與服從」的威權式高壓管理是最容易且最有效率的手法。而且這種做法，還會讓經營者沈浸在自我陶醉的感覺，自尊心也較容易獲得滿足。事實上，至今仍有許多經營者，仰賴這種粗暴簡單的手法管理公司。

對於明確使用這種手法管理公司的經營者，我心裡抱持著強烈的嫌惡，大致可分為以下幾種：

①經營者臉上從來不露出笑容，總是掛著難以親近的嚴肅表情，經常讓員工搞不懂他到底在想什麼。

②時不時突然性情大變，勃然大怒或破口大罵。還有更惡質的經營者，趁員工不想破壞氣氛幫忙出面緩頰的時候，還會刻意當眾潑冷水。這種喜歡利用權勢及突然翻臉不認人的領導者，都只是想硬逼員工屈服而已！

③遇到有人反對經營者的意見，不僅不虛心接受，還更進一步否定對方提出的事實與證據，從頭到尾只想讓員工聽命行事。

對於使用這種管理手法的經營者我難以苟同。現如今，黑社會和黑手黨老大那種領導手法已經過時，當一名經營者還在靠著高壓獨裁的方式領導組織，一定被外界所唾棄。

這個道理不僅適用於經營者，現場的領導者或管理者也一樣。當手下員工和樂融融時，突然跑來冷嘲熱諷，或是施加壓力。在唐吉訶德的草創時期，管理階層的確有幾個這樣的人物，儘管他們擁有出眾的能力，但我一個不留，全部請他們離開公司。

「恐懼與服從」會造成員工士氣低落，短期間或許能讓夠提升業績。但是，依賴高壓式管理的組織，遲早都會瓦解。到目前為止，我已經無數次看過這類令人痛心的實例。有些經營者的能力明明比我高出數倍，從早到晚拚命工作，卻在毫無預兆的情況下消失無蹤。甚至還有些經營者，公司年營業額高達數十億元，卻遲遲無法再更上一層樓，這些人大抵都是獨裁型經營者。

「鴻運經營者」和「厄運經營者」決定性的差異

對一名經營者而言，沒有任何一項能力勝得過「人格特質」，這是我不曾改變的持論。

這裡所說的人格，不是像德蕾莎修女一樣，懷抱著慈善無私奉獻的精神，當然也不是獨裁者那種散發出個人式英雄主義的氣息。**運用感同身受的能力可以讓別人覺得「我想跟這個人一同開創未來」**，這才是我說的「人格特質」。經營者個性坦率且真誠，完全不會採用高壓式管理，讓所有員工都願意為那個人效力。倘若經營者無法感召所有員工，就無法帶領出強大的集團運組織。

事實上，雖然我說得很冠冕堂皇，但我也不敢挺起胸膛說到做到。實際上，我在年輕時代，也曾多次受不了權力的誘惑，採用獨裁式經營手法。我不是不熟悉高壓式的管理手法，而且我非常擅長。實際上，我以往面對其他公司的競爭對手，也確實數次利用高壓手段讓對手屈服。

但是，**我在公司內部極度自制，採用與獨裁完全相悖的「分權管理」來管理，我堅信正因如此，PPIH集團才會有今日的繁榮**。假設我使用獨裁手法，強硬地帶領組織，唐吉訶德在初期階段，短期內看似取得重大的成就。說到底，頂多也只能做到數百億元營業額，想要成長至二兆元規模的企業，簡直是痴人說夢。

另一方面，若用「愛戴不如畏懼」的方式來經營企業，肯定會讓公司走向崩壞，因此我才會嚴格自制。還不如靠著分權管理，來創造出自動自發的集團運組織，遠勝於高壓式管理。雖然這麼做像是在繞遠路，但我自認用心栽培才能永續經營。這就是現代「鴻運經營者」和「厄運經營者」的差異，關鍵在於經營手法的不同。

第七章重點

- 「經營者的一步不如員工的半步」，這一點對企業極其重要。
- 經營者的「人格特質」是極為關鍵，對員工「感同身受」，才能喚起員工的士氣與熱情，彼此切磋琢磨，造就相乘效果的「集團運」。
- 讓人積極行動的方法不是「指示和命令」，而是「感謝與請求」。
- 工作不僅僅是「勞動」，而是一場同樂的「競賽（競爭）」。
- 獨裁式管理的組織，勢必將走向衰退與滅亡。

安田講座⑤《源流》是一本終極的「員工進階培訓」教材

唐吉訶德成為哈佛商學院的教材!?

前些日子，我看到一篇經濟新聞，內容是美國哈佛大學一位知名教授，將唐吉訶德的成功經驗當成教材，成為哈佛商學院的專題課程（鑽石線上新聞：《哈佛大學教授以「唐吉訶德」作為教材，在課堂上和學生熱烈討論》）。說到哈佛商學院，不僅是全世界研究商業模式的領航者，而且還培育出許多優秀的MBA人才。

那麼著名的學校，竟然拿唐吉訶德作為研究對象，討論打破傳統商業模式的議題，我個人覺得十分光榮，同時也感受到時代真的一直在改變。長久以來，唐吉訶德一直被視為非典型的連鎖店，同時也是流通業界的陌生人，甚至成為世界頂級商學院的討論對象，這樣的事情令我始料未及。

然而，他們愈是優秀，愈是反覆研究、分析各種案例，以他們的知識、見解和理論，愈是無法理解唐吉訶德的真面目及強大的本質，最終無法揭開「集團運」這個概念的神秘面紗。

唐吉訶德門市中存在著一般ＭＢＡ沒有的課程，就是能夠取得人生與人際相關的ＭＢＡ學位，可說是一個真實的「人生百態」。員工必須經常與各式各樣的人面對面相處，這些歷練帶來的結果，就是確保唐吉訶德在競爭中，擁有壓倒性的優勢。

具體而言，這就是「打破傳統的商業模式」的本質，即使是聚集許多精英或是全世界最頂尖的商務研究學院，應該也無法闡明其重要性。此外，本書收錄了ＭＢＡ的教科書所沒有提及的內容，這是一本觀點犀利的實戰教科書，更是一本能夠充實人生的書籍。

「員工進階培訓」的需求愈受重視

近年來，許多企業導入DX技術（Digital Transformation，數位化轉型），或是透過生成式AI技術，讓企業組織急速發展，企業經營規範也有了大幅的改變。

伴隨社會少子化、高齡化現象愈來愈普及，導致企業所需的勞動力嚴重不足，成為企業開始積極導入這些技術的重要契機。為了最大限度活用AI這類尖端科技，每一位員工都必須經常接受培訓習得新技能，最近「員工進階培訓（Reskilling，職業技能再開發、再教育）」的需求也開始愈來愈受到重視。簡單來說，過去的工作方式，已經漸漸走入數位化或是被AI取代，導致有些人不知所措，這正是「員工進階培訓」受到重視的原因。

為了構築更加良好的「人際」關係，員工彼此切磋琢磨，便能帶來屬於自己的「集團運」。我堅信經營者的人格特質，為唐吉訶德孕育出全世界最強，且具有壓倒性優勢的員工活力！

即使ＡＩ能力再怎麼優秀，終究沒有獨特的人格特質。就算ＡＩ進化到超越人類智慧，也是無法掌握「運勢」，更遑論ＡＩ有人情味。如果有一天，ＡＩ竟然開口回答：「我能理解你的心情！」，或是「希望與你一起努力達成目標！」我說不定會馬上想把那台機器砸爛（笑）！

因此，在唐吉訶德的門市裡，每位員工都日以繼夜地努力工作，就算ＡＩ再怎麼先進，也是無法取代公司內任何一項業務，或是任何一位員工的優異表現。

所以說本公司「集團運」的秘笈《源流》，就是唐吉訶德企業經營的管理聖經，或許可以這麼說，這絕對是一本終極「員工進階培訓」的指導守則。

第八章

「壓倒性勝利」的美學饗宴

何謂「壓倒性勝利」？

想讓「運勢」變好，就不能只單純追求「勝利」，還必須以「壓倒性勝利」為目標。

唐吉訶德創立後，那時營業額還介於五十億元到一百億元之間。身邊的人不時驚嘆：「安田先生，你真的運氣很好，幸運之神總是眷顧著你！」讓我不禁相信：「我果然是運氣很好！」，而感到洋洋得意。現在回想起來才知道，他們會這麼說，其實背地裡多少都帶有一點揶揄的想法，可以解讀為「你只是碰巧運氣好而已，總有一天運氣變壞，到頭來也只會慘遭失敗！」

然而，當公司營業額達到數千億到上兆元的規模，就沒有人再對我說：「你運氣真的很好！」他們才明白成就並非一蹴可幾，於是改口說：「這不只是運氣好而已！你本人一定也很努力，才有這般成就。」所以，如果達不到「壓倒性勝利」的層次，身邊的人心裡肯定會不平衡。

投效美國職棒大聯盟道奇隊的大谷翔平選手，連續兩個打席就打出全壘打，人們一定會稱讚道：「真不愧是大谷！」沒有人會說：「大谷只是運氣好而已！」像大谷這種等級的人，正是全世界景仰的對象，應該沒有人會對他感到嫉妒，所以說大谷翔平達到這樣的境界才算是真正的「壓倒性勝利」。

壓倒性勝利不是「貪得無厭」，必須將其視為一種「美學」

如果要讓我來定義「壓倒性勝利」，就是探索「致勝」的深層秘密，然後漸漸將其實現，一路維持連續獲勝的巔峰狀態。

「大獲全勝」的機會，並不是那麼頻繁發生；相反的，損失的機會卻會一再造訪。若想彌補損失，就必須指望那微乎其微的「大獲全勝」，所以偶然出現在眼前的機會，就絕對不能放過。

好比在無人出局滿壘的情勢下，如果只能拿到兩分，肯定會叫人懊悔到捶胸頓足；若要貪婪地大搶分數，就必須打出一支全壘打，接二連三得分，維持這樣的氣勢大獲全勝。只要憑藉著追求「壓倒性勝利」的氣魄，絕對能吸引超強的

「運勢」。

看到我這麼寫，會不會覺得我對勝利的渴望顯得貪得無厭呢？但是事實上絕非如此，倘若各位不能理解壓倒性勝利的「美學」，就無法獲得絕佳「運勢」的眷顧。

各位若有常看體育賽事，會發現隸屬大聯盟的大谷翔平選手，或是花式溜冰的羽生結弦選手，都擁有壓倒性的強大實力，這並不是因為他們純粹堅持獲勝的決心，而是他們都理解戰勝一切的美學。更重要的是，他們都還保持自律的生活習慣，充分掌握了巨大的強運，讓自己成為世界級的超級巨星。

「私欲」是阻礙取得「壓倒性勝利」的大魔王!?

若要取得「壓倒性勝利」有個重要的前提，那就是**不能摻雜任何一點個人私利和私欲**。知名體育好手大谷翔平和羽生結弦，都不是為了金錢或名聲，才投入運動賽事，因為在他們心中，只存有一絲想要「獲勝」的欲望。

在商場上也是一樣，一旦抱有「想賺更多錢」、「想讓更多人認可」這類私欲，就會變成「貪得無厭的經營者」，使得嫉妒的心情油然而生，導致「運勢」大幅下滑。所以我們絕對不能被私欲矇蔽雙眼，必須用「淡泊名利」的心情來取得勝利。

然而，年輕時期的我，卻完全不能理解這個道理。那個時候，我只會想到「總而言之多賺點錢，一步登天」，而且常說：「都是我的功勞」，只會想到自己，簡直就是「私欲」的大魔王。

當時我抱著必死的決心努力工作，確實讓顧客絡繹不絕，也賺了一點錢。但是這點獲利卻遠遠不能滿足我的欲望，心想著：「我一定能賺得更多」，但實際上，後來並沒有獲得多大的成果。於是我又想：「到頭來，我也只有這點能耐」，陷入了自相矛盾的撞牆期。我其實不太想回憶起這段過去，因為那是埋藏在我心中一段的黑歷史。

經過這一段迂迴曲折的創業路途，我終於創立唐吉訶德，當時我還著重於擴大事業規模的「發展性」。一九九五年之後，我開始正式設立連鎖店，一九九七年在新宿店造成大轟動，掀起一股強烈的「唐吉訶德旋風」，每家門市都大排長龍。

但是，即使做到這個地步，我腦海裡還是只把自己的成功擺在第一位。

「不能只想到自己」

就這樣，我愈來愈得意，卻沒料到「天譴」似的巨大不幸正襲向唐吉訶德。

當地居民發起大規模行動抵制唐吉訶德開店。我愈是遭受抵制，就愈是惱羞成怒。「我開新店或是營業時間都沒有違反法律，客人也都因為『方便又有趣』而感到喜悅，到底是哪裡不對？」、「愈是遭到反對，我就愈要做」，我採取強勢的姿態來應對。結果，這樣的態度就像火上加油，唐吉訶德反而受到更猛烈地抵制，形成一個惡性循環。

和投資者見面之後，讓我決定改變念頭。當時居民發起行動抵制唐吉訶德，公司正決定推動股票上市，陸續開始拜訪許多投資者，說起來叫人感到羞恥，我到那時候才知道，竟然有那麼多人相信公司，願意拿出寶貴的資金來支持。儘管有一部分人，把唐吉訶德視為嫌惡設施，但有另一部分人看中公司的前景，給予莫大的鼓勵。弄清楚這一點後，我才發現自己有多愚蠢。

「我真的絕對不能只想到自己。」

我下定決心，不能只考慮到自己的利益，只要有員工願意奉獻給公司，就必須讓他們得到回報。

希望員工們能夠「得到幸福」

後來採取「分權管理」策略的時候，我也從中有所發現。

唐吉訶德草創時期，我認為只有自己可以辦得到，想成為一名「事必躬親」的經營者，我沒有搞懂把工作交付給別人的原則，所有事情都打算親自動手去做。然而，經營者獨自奮鬥的企業，是無法確保事業的發展性，也不可能順利擴大企業規模。而且，零售業和其他業界相比，倍加重視待人處事，必須想辦法聚集更多人，用團體戰的形式一決勝負。

某天我突然領悟「絕對不能單打獨鬥」這個理所當然的道理，於是便下定決心，實行「分權管理」策略。

說實在話，開始執行「分權管理」時，我仍放不下心，多少還是會覺得「交給那傢伙真的沒問題嗎？」、「還是自己做比較快」，但這是不爭的事實。然而，看到員工努力工作的身影後，我的心情漸漸開始產生變化。

為什麼會是這樣呢？我吃盡苦頭終於知道，只靠一個人處理進貨、上架和定價、行銷，是多麼辛苦的一件事。若把這些事情全部交給員工，我會擔心「會不會讓他們太辛苦」，但是我卻發現每一個員工竟然都開心地全力以赴。看到他們為了達成目標而拚命地思考的模樣，**我發自內心希望「他們能夠得到幸福」、「享受工作帶來的樂趣」**。一直以來，我抱持著「沒有我不行」的想法，把事情交給員工後，我似乎感覺自己稍微成長了一些。

在事業中追求什麼樣的「成就」?

話題再度拉回唐吉訶德上市的時候,當我和抱持希望的投資者面對面接觸時,我心想「先不管自己,必須讓對方獲得回報才行!」。此時,我毫不猶豫拋開了存在心中的私欲。

之後過了數年,當我差不多快五十歲左右,我確定了一件事。那就是身處流通業界裡,如果不能將顧客當作是主人,或是把「顧客至上」放在心上,是絕對不可能獲得成功。換句話說,**不放棄「自己賺大錢」這個想法,事業將不會有未來**。

發現這一點之後,我堅決地捨棄私欲,彷彿變成一個跟過去完全不同的人。以前開口閉口就說:「沒有我不行」。後來我退一步改說:「拜託各位」,徹底執行分權管理。說起來自己也感到驚訝,我竟能做出這麼大的轉變。

說真的,我並非一個完全「無欲」的人,一直到現在,我心裡還是留有「欲望」。

我心裡一直都有**追求刺激，讓腎上腺飆升的欲望**。在自己的事業上建立一個目標，不顧一切接受挑戰時，成敗未定的緊張感以及壓力，同時向我襲來，這一切都給我帶來無與倫比的快樂。換言之，或許可以說我是一名「熱情經營者」。

順帶一提，我也是個「解決問題愛好者」。第一章也曾提到，我腦海中經常存在數個「瓶頸」，想要往某處發展時，都會受到瓶頸阻撓。相反的，只要能夠突破瓶頸，就能一口氣往前進。因此我不分日夜，都在持續思考各種可能性，直到某天，塞住的瓶頸突然發出啵的一聲，眼前瞬間出現一片海闊天空。**此時的快樂難以言喻，於是我又給自己設下一個挑戰**。

解決了問題之後，建立新的假設，再反覆驗證，這樣的循環就像孩子迷上競賽一樣，讓人欲罷不能，所以我說自己真不愧是個「熱情經營者」。

我在事業上追求的是興奮興奮，而成功時所獲得的金錢和名聲，只不過是見證勝利的副產物而已！說真的，對我而言是無關緊要的。真多虧在年過五十左右認清這個事實，讓唐吉訶德的「運勢」一口氣急速上升。

從「私欲」中解脫

我自己算是個大器晚成的經營者，不管是為人處事，或者作為一名經營者，直到年過五十才算是有真正顯著的成長。簡單來說，我擺脫自我束縛後，才迎來了快速地成長。曾經那麼強烈追逐私欲的安田隆夫，竟然發生這麼大的變化，誰又能想像得到呢？**我心中描繪的情景驟然轉變，一直保持著愉快的心情，肩頸也不再緊繃，整個人輕鬆了起來。**

回首我的人生，我將它大致分為幾個階段：二十歲到三十歲結束是「混沌期」，四十歲以後是「黎明期」，五十歲開始「躍進期」，六十歲則是「飛躍期」。

五十歲以後，我把這段時期稱為「躍進期」，此時ＰＰＩＨ就迎來了快速成長與發展的階段。當然，這一切要歸功於那些承擔起責任、努力奮鬥的員工們。我發自內心感謝他們，對他們充滿敬意，並且由衷地希望讓他們感受到「進入這家公司工作真是太好了」。

進入六十歲的「飛躍期」之後，ＰＰＩＨ的「壓倒性勝利」進一步加速發展。值得一提的是，在我滿六十歲的時候，也就是在二〇〇九年六月，公司的年營業額為四千八百億元。如今的年營業額是二兆元，相當於十五年間增加四・二倍。這意味著，我們每年增加了一千億元的營收。而這樣的成長幅度，比起四百八十億元增至二千億元的四・二倍，完全不可同日而語。

儘管公司的規模持續擴大，但營收和獲利仍一直穩定保持著上升曲線，同時，「自動自發的集團運組織」的完成度也愈來愈高。

現在我已經七十五歲，也差不多到了考慮退休的年紀，但是我已經從「私欲」中解脫並成為「無私」的我，因此為了我的孩子（PPIH）能夠持續發展，及所有員工能夠過得更幸福。我會比以往投入更多心力到公司業務中，繼續實踐「滅私奉公」的精神，除了嚴格約束自己外，還要把奉獻公司的這份責任傳承下去。

第八章重點

- 追求單純的「勝利」還不夠，還要以追求「壓倒性勝利」為目標。
- 壓倒性勝利不盡然是「貪得無厭」，而是必須視為一種「美學」。
- 不能只滿足私欲，要捨棄私欲才能取得「壓倒性勝利」。

安田講座⑥ 在藍海中大展身手的唐吉訶德

若想抓住「運勢」並獲得壓倒性勝利，關鍵在於進入「藍海」而非「紅海」。「藍海」是商界的專業術語，表示沒有競爭或者競爭極少的市場，相反的，競爭極度激烈的市場則稱為「紅海」。唐吉訶德正因選擇在「藍海」一決勝負，才能夠享受享受成長與發展的豐碩成果。

獨一無二的商業模式，獲得壓倒性的勝利

唐吉訶德這家店，顛覆了過去大型流通業倚重連鎖店的傳統，每家店每個門市都以分權管理為前提貫徹「門市特色主義」，在日本各地迅速開設許多門市。

順帶一提，只要掛上唐吉訶德的招牌，基本上就屬於相同的商業模式，同

樣都是做商品銷售的門市，門市規模從數十坪到數千坪都有，門市位置有些是市中心的獨立門市，也有些開在大樓裡面，還有些開在市郊路邊的店面，門市種類可以說是包羅萬象，甚至可以迅速開設門市）。總而言之，像這樣在任何地方都能經營下去的門市，全世界數一數二就只有唐吉訶德。

為什麼唐吉訶德做得到呢？就是因為實施分權管理，讓各門市得以自主經營，加上不存在類似的競爭者，就成為獨一無二的商業模式，這就是公司能夠獲得壓倒性勝利的最大主因。

唐吉訶德的傳統——「有業態，無業界」

唐吉訶德是一家獨一無二的企業，所謂的「唐吉訶德業界」並不存在，因此得以在藍海中成長與發展。而且唐吉訶德是一家非典型的流通業連鎖店，擁有獨特的買低賣高商業模式，並且徹底實踐「分權管理」和「門市特色主義」，造就出絕無僅有的獨特性，其他公司難以模仿，使得本公司所構建的獨特戰略發揮了一定的功效。所以，我以「有業態，無業界」來形容唐吉訶德獨特的商業模式，這幾乎可以被視為我們公司的傳統。

唐吉訶德從零開始，一路走到營業額達二兆元的企業集團。在這過程中，我不停反覆思考，轉換不同視角，親自克服各種問題，抱持「一定存在這樣的需求與渴望」的積極想法，構建並完善了唐吉訶德獨有的商業模式，最終成功進入了藍海。

反觀當時盛極一時的連鎖商店，卻淪為同質化的紅海市場。如果我們選擇進入這片市場，作為後進者，勝算幾乎為零。因此，我們決定反其道而行，將特色發揮到極致，創造出全世界獨一無二的商業模式。

毫無疑問，唐吉訶德一路經歷了創業的艱難過程。不過，一旦成功進入藍海，後續的經營就會一帆風順。儘管有「創業容易，營運艱辛」的說法，但在商業領域，情況恰好相反：「歷經創業艱辛反而能夠成長茁壯」。這不僅呼應唐吉訶德「傳統」的本質，這也符合本章「壓倒性勝利美學」的宗旨。

總而言之，正是因為我們選擇不走康莊大道，而是勇敢挑戰崎嶇山路，才得以在藍海中享受勝利的甜美果實。

將藍池化為藍海

說起來，唐吉訶德的獨家秘方並不是輕易就能掌握，那是一條滿布荊棘的道路，一開始，身邊的人並不看好。在我們採取行動之前，就會聽到：「你那樣一定行不通，不可能成功啦！」萬一失敗時，他們又會落井下石，說道：「早就跟你說不行了吧。」

但是，我們絕對不能害怕失敗，倘若一切順利的話，就能探訪人跡未至的藍海，並獲取其中豐厚的寶藏。唐吉訶德第一家店（東京府中店）就是最好的例子。公司之所以能夠實現飛躍性的成長，最大的主因就是實行分權管理。

一家門市再怎麼成功，再怎麼具有特色，最多也只稱得上是個小藍池。想要擴大、延伸事業版圖，創造一片藍海，勢必還得仰賴分權管理。想讓「運勢」

不僅停留在個人身上，還想為公司帶來「集團運」，就要帶動公司上下傾注滿滿的熱情。

結語 歌頌人類正是我的人生軌跡

「運勢」到底是什麼?結果，我認為正是我自身的「生活方式」，而這裡探討的生活方式本質，就是對別人的無盡體貼和抱持興趣，更進一步說，我的生活方式就是一曲「歌頌人類」。

「偏愛與傾斜」的由來

孩提時代的我非常討厭上學，自己有興趣的事情是「比角力」和「冒險、探險」，我也會徹夜埋首閱讀相關書籍和雜誌，後來比其他小孩瞭解更多知識，我心裡也暗自感到驕傲。然而，和要好的朋友討論許多相關話題，卻無法得到共鳴。因為我對當時流行的電視節目或漫畫完全沒有興趣，在班上也無法和同學搭上話，更別說熟絡，所以我從小就一直覺得「到頭來只是自己一頭熱」。

我生長在岐阜縣大垣市，那裡民風保守，只要特立獨行，就會遭受白眼。因此，我時常叮囑自己，盡量把自己特別的那一面隱藏起來，之後感到自我挫折，這樣的想法還愈來愈強烈。我心裡一直懷抱著疏離感和孤獨感，現在回頭看看，自己當時真的是一個「悲慘」少年。

我有獨特的感受性，時常必須壓抑心裡產生的衝動，使得自己的思考模式愈來愈尖銳，看任何事物都堅持己見，使得「偏愛和傾斜」的傾向愈來愈強烈。一旦衝動失控之後就開始爆發，經常讓身邊的人感到驚訝。簡單來說，是一個街頭巷尾議論的問題人物。

所以，我的個性正是唐吉訶德「獨特性」和「壓倒性勝利」的資本，算是誤打誤撞帶來的結果吧！

樂於觀察與關心別人

「偏愛與傾斜」類型的人，似乎大概都有自閉傾向，不太擅長跟別人交流，但是我完全不一樣。我對別人一直抱持廣泛的關心與濃厚的興趣，而且帶著巨大的寬容與尊敬。就這一點來看，我算是相當「稀有」的人吧！

閒暇時，我不僅閱讀探險的書籍，還會實際探訪各地。我曾經去過亞馬遜或是蘇丹、西巴布亞等類似「秘境」之類的偏遠地區，而且喜歡跟少數民族交流。雖然我經常造訪世界各地，但是從少年到學生時代左右，我的觀念還停留在「日本就是全世界」。加上我大學時期十分低調，住在工寮（建築工作者的宿舍）裡面，一邊從事肉體勞動的工作，並且喜歡觀察身邊的人們，覺得他們很像一群住在地球邊境的民族，這是我對社會最原始的認知。

觀察這些住在橫濱壽町等日租宿民街的人們，讓我有了「原來有人是這樣過生活的」，或是「這個人怎麼會這樣糟踏自己呢？」這樣的想法，**那裡濃縮了許多人的成功與失敗，而他們最真實的一面，在腦海留下抹不去的記憶**。而且這些體驗，成為我感受「運勢」的契機。

匯聚豐富知識與經驗的森林

簡單來說，世上有形形色色的人，而每個人都在扮演「自己」的主人翁，品嚐世間的喜怒哀樂，生活中充滿無盡的摸索與糾葛。看到他們的生活方式，是我最大的樂趣。生活中的波動愈是劇烈，也就是愈激起波瀾壯闊的人生，就愈讓我感同身受，特別想為他們加油。

直到現在，我對完全沒有交集的人與他們的價值觀和生活方式，還抱持著濃厚的興趣，像是「貧困女子」或「漂流兒童」等，這些平時不太可能接觸到的族群。我很喜歡閱讀描寫他們生活百態的書籍，純粹是因為我對人類深感興趣，而且他們每一個人，都讓我想起年輕時的自己，也對他們感同身受。

即使現在我已步入花甲之年，對這世界還是抱持無盡的興趣與關心。我累積了高於常人數十倍的豐富知識和經驗，宛如一座巨大的「森林」，森林中蓋滿了廣泛的雜學基礎設施，裡面儲存著無窮無盡的話題，我相信在對話中，一定能讓對方感到讚嘆不已。

這些知識和體驗，乍看之下可能對事業和經營沒有任何幫助，但絕對是迎來「鴻運」的主因。我發現長久以來對人類感興趣的習慣，居然創造出唐吉訶德這個沒人想像得到的商業模式。

發自內心對別人溫柔、理解與感同身受

最後我想強調一件事情，希望各位能夠重視，就是我們必須發自內心對別人溫柔、理解與感同身受。

一名能力優秀的經營者或主管，如果欠缺待人處事的人格特質，能夠獲得同事和員工的全面信賴嗎？更遑論要做到「換位思考」。我認為性格冷漠、對別人毫無興趣、漠不關心的人，是絕對無法得到幸運女神的眷顧。**盡可能對身邊的人保持興趣，並理解他們，對他們溫柔且感同身受，才是迎接好運最有效果的方法**。

各位聽到我說出這麼感性的話，或許令人感到驚訝。然而，唯有「歌頌人類」是與「運勢」緊密相連的最大關鍵。

因此，我發自內心希望，各位閱讀本書後都能獲得幸福。只要各位從明天開始，著手實踐這本書裡所寫的內容，我相信你們的人生、你們的公司，以及你們的「運勢」就會變得愈來愈好。如此一來，世界各地都能點亮一盞又一盞的希望燈火，世界各國的「集團運」也會跟著提升。

歇筆時，容我訴說一下我自己的心願，我希望更多人能夠接受挑戰、迎接好運，最後達成「所有人都幸福」的結局。

附錄

PPIH集團企業理念集《源流》（節錄）

【企業宗旨】

「顧客至上主義」

■將「顧客至上主義」當作PPIH集團永恆不變的企業宗旨。

■「顧客至上主義」是企業行動規範的原動力。

■為實現「顧客至上主義」，必須遵守「經營理念」。

【經營理念】

第一條　懷抱高尚的志向與道德，貫徹無私且真誠的經營理念

・在競爭激烈的現代消費社會中，賣方不能只是一廂情願，或只想使用各種小伎倆。單方面的意圖或小伎倆並不適用。

- 首先，必須站在顧客的立場，誠實地遵循原則，無私且正直地經營，以此回饋顧客和社會，提升企業使命感，促進員工光榮感的良性循環。
- 經商的制勝法則在於誠信。

第二條　在任何時代，都要打造充滿「驚喜與期待」的購物環境

- 提供物超所值且讓顧客購物愉快的環境，是本公司的基本原則。
- 為顧客創造「驚喜與期待」，充滿意想不到、心跳加速的娛樂感與消費體驗。
- 本公司不僅是零售業，也是注重環境規劃、傳遞新價值的流通業，一切努力都是為了打造「價格驚人便宜商品的購物環境」。

第三條　實際授權員工，審視是否做到適才適所

- 授權與員工績效評估是一體兩面。經過適當評估，才能對員工真正授權。
- 不斷審視是否做到適才適所，才能靈活且果斷地完成組織改革。
- 本公司的最大武器是「顧客親和力」，隨時隨地守護好與顧客的緊密關係。

第四條　接受變化並推動破壞式創新，打破舒適圈，不輕易妥協

・本公司屬於流通業，流通業的本質在於快速應對變化。
・不能拘泥於過往成功經驗的框架，破壞式創新是隨時應對變化的必要條件。
・本公司致力於打破組織內的保守與穩定思維，要構建一種拒絕妥協的企業文化。

第五條　勇於挑戰，不畏懼面對現實，果斷撤退

・作為持續追求創新商業模式的企業集團，本公司鼓勵勇於接受挑戰，打造永續發展的未來。
・任何新舊商業模式，只要無法持繼續適用，就應迅速而果斷地撤退，避免損失擴大，堅持「撤退的勇氣」，迎接下一次的挑戰。

第六條　不追求短期利益，深耕核心事業

・雖然公司提倡勇於挑戰，但挑戰範圍應聚焦於無人能敵的獨特商業模式及周邊事業。

・不應追逐短期利益而涉足其他業務，應深耕以零售為核心的相關事業，精益求精。

【員工行為準則十條】

一、擁有從逆境中崛起的不屈鬥志與堅韌精神。
二、投注熱情，全力以赴，服務門市、商品與顧客。
三、在現場打磨智慧、感性與靈感。
四、不僅靠毅力，還需鍛鍊一決勝負的執念與內在動力。
五、隨時設身處地，站在對方立場思考問題。
六、現場的領導者應培養可代理和接替自身職位的人才。
七、無論職務或上下關係，應尊重並包容員工的多樣性。
八、將工作視為「競賽」，而非單純的「勞動」，樂在其中。
九、不要找任何藉口，「說到做到」。
十、不要拘泥於二選一的思維，發揮智慧，實現雙贏。

【管理的九條鐵則】

上司篇

第一條 「勿逞威風」

正如「愈弱的狗愈愛吠」這句諺語，愈是缺乏自信的上司，與會對員工表現出傲慢和威嚇。真正有實力、有見識且受到景仰的上司，絕不逞威風，更不會無端對員工施壓。本公司員工在升遷後，應該要更謙遜，以友善的態度與下屬及同事相處。

第二條 「勿迎合」

這並不是與「勿逞威風」相對立的概念。作為上司，在執行業務時，不應受情緒影響，或迎合員工，而應該以理想的上司形象作為目標，全力以赴，完成應該履行的職責（雖然這本來就是理所當然的事）。

第三條　「勿成為威權」

上司與員工的關係僅限於業務與職能上的協作，絕不意味著人際關係中有高低之分。若有上司濫用上下關係，表現得如同威權一般，在推崇充分授權的本集團是不可容忍的。

第四條　「勿把恐懼當作控制手段」

上司握有人事權，某種程度上掌握員工職位去留，這可能導致員工為迎合上司，而非為了服務顧客而工作。迎合上司與顧客至上的企業原則相違悖。任何形式的恐懼控制手段，在本公司都是不被容許的。

第五條　「承認多元性」

隨著升遷，上司需要與來自不同背景（性別、年齡、國籍、經歷、主義、思想、興趣等）的員工共事。上司應該尊重員工的多元性，不得有任何形式的歧視，亦不得強迫員工接受自己的價值觀或生活觀，應具有一定引領團隊為共同目標努力的能力。

第六條 「徹底做好自我管理」

作為上司，應成為員工的榜樣，無論是私生活還是健康管理，都須嚴格自律。隨著職責和權力的擴大，自我管理愈加重要。上司若帶頭與員工深夜酗酒，絕不可容忍。

員工篇

第一條 「謹守禮儀」

面對上司時，理應懂得禮儀，並懷抱敬意。若對上司無法做到禮貌性的問候、態度端正以及得體的應對，就也不可能在顧客面前表現得體，當然不適合在顧客至上的小型零售業現場立足。

第二條 「勿恃寵而驕」

公司不能容許員工無法尊重上司，或因上司待人親和而驕縱自滿。員工也應適度理解，上司會對驕縱無禮的下屬採取高壓態度，並同理上司的管理壓力。

第三條 「清楚表達自己的意見」

在推崇授權的公司文化中，若有意見或主張，應毫不猶豫向上司清楚表達，上司視情況判斷是否可行。本公司要求上司必須能傾聽員工意見，因此員工無需過度擔心。若單純一味服從命令，員工反而會無法清楚表達意見。

若遇到濫用權力且過於高壓的上司，無需迎合或諂媚，這只讓上司變得更傲慢。應以正確的態度和禮儀，與上司相處。在本公司，傲慢的上司通常都會被降職，所以只要謹守公司文化即可。

【新世代領導者的十二條箴言】

一、PPIH集團不需要「監督者」

本公司需要的是隨時都走在前面，與團隊一起承擔困難，並分享成就的「隊長」，也就是所謂的「參與型經理人」。

二、真正的領導者能夠靈活運用「人事權」

若不行使公司賦予的人事權，就等同於未能善盡職責。尤其是像降職這類處罰型的人事權，很多人不愛使用，但能夠果斷而正確運用這些權力，才夠格稱為領導者。

三、授權的本質在於「範圍小、深度夠」

授權的前提是明確劃定責任範圍，並把責任完全託付，讓員工從頭到尾當責。若權限劃定的範圍「範圍寬、程度淺」，就會引來太多人介入，就無法達成真正的授權。

四、「明確的勝負成果論」、「時間限制」、「最小規則」、「高度自由裁量權」

這四項是授權的必備條件，也是將工作從單純的「任務」轉變為有趣「競賽」的四大要素。

五、把自己的權力賦予員工

主管因被賦予權力而成長，但多數人擁有權力後，卻不願意下放。這種眷戀職務、職位或安於現狀的行為，會阻礙下屬的成長。在本公司，只有能培養出自己的接班人（即「下一個我」）時，才有機會升遷。這就是所謂的權力「再賦予」。

六、抱持誠意與公平心來評價員工，無論評價是正面或負面

這是實力至上主義的基本前提。絕對不可以帶著主觀偏見評價員工。當員工的努力得不到應有的肯定，或者工作怠慢未受到責備時，公司就會開始出現崩壞的跡象。

七、員工並不期待「被訓練」，而是期待「被信任」

「信任」的意思就是相信並託付。當員工感受到上司的信任，他們會努力報答這份信任，願意去學習獨立思考和促進自我成長。

八、「稱讚」就是發現對方的優點，並給予認同

人們容易注意到別人的缺點，卻常忽略其優點。每個人引以為傲的優點被認可時，都會感到無比喜悅。

九、「棒子與胡蘿蔔」

「棒子與胡蘿蔔」的使用必須有先後順序。若一開始親切又放任，對方會視其為理所當然。所以對下屬應先嚴厲以待，並在發現對方優點後，給予認同與稱讚，這樣才能建立真正的信任關係。

十、「理想的員工」未必能成為「理想的上司」

當從員工的角色轉變為領導者時，比起僅僅是忠誠的員工，更需要成為值得信賴的上司。能否包容下屬的優缺點，是衡量上司氣度的標準。

十一、員工不是上司的資產，而是公司的資產

上司不僅要知人善任，也要努力營造一個讓員工發揮潛力的優質環境。上司需要關注下屬，用心對待，協助員工發揮所長。

十二、不懂得體諒別人感受的人，無法成為真正的強者

這是顯而易見的道理。僅僅表現出高壓姿態的人，並不算「真正強大」。能夠做到「主語轉換」（換位思考），能夠對他人感同身受，才是真正的強者。做到這一點，是領導者的第一步。